U0342508

实用农村环境保护知识丛书

猪场废弃物
处理处置与资源化

邱进杰　何道领　赵天涛　赵由才　编著

北　京

冶 金 工 业 出 版 社

2019

内 容 提 要

本书共6章，内容包括：概述，主要讲述了生猪产业发展现状，生猪养殖废弃物，国内外猪场废弃物处理概况；固体粪污处理与资源化，主要讲述了固体废弃物的收集、储存和处理；液体粪污的处理与资源化，主要讲述了液体粪污的收集、储存和处理；废气的处理，主要讲述了废气的产生和处理；其他废弃物的处理，主要讲述了病死猪的处理，兽用医疗废弃物处理以及生产生活废弃物处理；典型案例，主要讲述了重庆某生猪养殖企业粪污处理工程和丹麦某猪场粪污及病死猪处理案例。

本书可供生猪养殖场（户）、环境保护、畜牧兽医相关部门人员阅读，也可供大专院校有关师生和科研人员参考。

图书在版编目（CIP）数据

猪场废弃物处理处置与资源化/邱进杰等编著 . —北京：冶金工业出版社，2019.1

（实用农村环境保护知识丛书）

ISBN 978-7-5024-7980-0

Ⅰ.①猪…　Ⅱ.①邱…　Ⅲ.①养猪场—饲养场废物—废物处理　②养猪场—饲养场废物—资源利用　Ⅳ.①X713

中国版本图书馆 CIP 数据核字（2018）第 268941 号

出 版 人　谭学余
地　　　址　北京市东城区嵩祝院北巷 39 号　邮编　100009　电话　（010）64027926
网　　　址　www.cnmip.com.cn　电子信箱　yjcbs@cnmip.com.cn
责任编辑　杨盈园　美术编辑　彭子赫　版式设计　孙跃红
责任校对　王永欣　责任印制　李玉山
ISBN 978-7-5024-7980-0
冶金工业出版社出版发行；各地新华书店经销；三河市双峰印刷装订有限公司印刷
2019 年 1 月第 1 版，2019 年 1 月第 1 次印刷
169mm×239mm；9.75 印张；188 千字；144 页
44.00 元
冶金工业出版社　投稿电话　（010）64027932　投稿信箱　tougao@cnmip.com.cn
冶金工业出版社营销中心　电话　（010）64044283　传真　（010）64027893
冶金工业出版社天猫旗舰店　yjgycbs.tmall.com
（本书如有印装质量问题，本社营销中心负责退换）

序　言

据有关统计资料介绍，目前中国大陆有县城 1600 多个；其中建制镇 19000 多个，农场 690 多个，自然村 266 万个（村民委员会所在地的行政村为 56 万个）。去除设市县级城市的人口和村镇人口到城市务工人员的数量，全国生活在村镇的人口超过 8 亿人。长期以来，我国一直主要是农耕社会，农村产生的废水（主要是人禽粪便）和废物（相当于现在的餐厨垃圾）都需要完全回用，但现有农村的环境问题有其特殊性，农村人口密度相对较小，而空间面积足够大，在有限的条件下，这些污染物，实际上确是可循环利用资源。

随着农村居民生活消费水平的提高，各种日用消费品和卫生健康药物等的广泛使用导致农村生活垃圾、污水逐年增加。大量生活垃圾和污水无序丢弃、随意排放或露天堆放，不仅占用土地，破坏景观，而且还传播疾病，污染地下水和地表水，对农村环境造成严重污染，影响环境卫生和居民健康。

生活垃圾、生活污水、病死动物、养殖污染、饮用水、建筑废物、污染土壤、农药污染、化肥污染、生物质、河道整治、土木建筑保护与维护、生活垃圾堆场修复等都是必须重视的农村环境改善和整治问题。为了使农村生活实现现代化，又能够保持干净整洁卫生美丽的基本要求，就必须重视科技进步，通过科技进步，避免或消除现代生活带来的消极影响。

多年来，国内外科技工作者、工程师和企业家们，通过艰苦努力和探索，提出了一系列解决农村环境污染的新技术新方法，并得到广泛应用。

鉴于此，我们组织了全国从事环保相关领域的科研工作者和工程技术人员编写了本套丛书，作者以自身的研发成果和科学技术实践为出发点，广泛借鉴、吸收国内外先进技术发展情况，以污染控制与资源化为两条主线，用完整的叙述体例，清晰的内容，图文并茂，阐述环境保护措施；同时，以工艺设计原理与应用实例相结合，全面系统地总结了我国农村环境保护领域的科技进展和应用技术实践成果，对促进我国农村生态文明建设，改善农村环境，实现城乡一体化，造福农村居民具有重要的实践意义。

赵由才

同济大学环境科学与工程学院

污染控制与资源化研究国家重点实验室

2018 年 8 月

前　言

　　猪肉是中国居民的主要肉食品和重要营养来源，中国自古有"猪粮安天下"之说就充分证明了生猪养殖在生产生活以及对于民生的重要作用。2017 年，我国猪肉总产量达到 5340 万吨，占禽畜肉总产量的 63%。而且，生猪养殖也是畜牧业增产增收的重要支柱，据统计近几年全国猪的饲养产值均在 10000 亿元以上，约占全国牧业总产值的 40%，生猪养殖成为牧业增产、农民增收的重要组成部分。

　　相比以往的农村散养为主的生猪饲养方式，我国生猪养殖模式正发生巨大的变化，生猪养殖规模化、集约化发展迅速，养殖废弃物对环境的影响日益突出。此外，随着国家对生态环境的不断重视，以及"一控两减三基本"战略目标的深入推进实施，作为农村面源污染重要因素的畜禽废弃物受到越来越多的重视与关注。据测算 2015 年全国畜禽粪尿产生总量约为 36.2 亿吨，其中生猪粪尿产生量约 13.6 亿吨，占全年畜禽粪尿产生的 37.4%。因此，加强畜禽废弃物特别是以生猪为主的畜禽废物的处理与资源化显得尤为迫切。

　　本书以生猪养殖废弃物为主线，针对生产过程产生的废弃物，按照固、液、气三种形态，从废弃物的收集、存储、处理与资源化等角度全面对其进行阐述和归纳，对指导猪场科学有效开展废弃物的无害化和资源化过程，具有现实的指导意义。

　　本书编写团队来自同济大学、重庆理工大学、重庆市畜牧科学院、重庆市畜牧技术推广总站等单位。编者既拥有扎实的环保工程基础知识，又具有丰富的猪场管理经验和编写经验。全书共分为 6 章，第 1 章由赵由才、何道领、韦艺媛等编写，第2章由何道领、封丽、艾铄等编写，第3章由赵天涛、何道领、念海明等编写，第4章由邱进杰、赵天涛、朱黎等编写，第5章由赵由才、邱进杰、王震等编写，第6章由邱进杰、赵天涛、赵由才等编写。编写过程中，编者本着"参阅后能应用"的原则，融入了生产实践过程中猪场废弃物处理处置中的新问题、新观点、经验与教训，同时参阅了国内外大量的文献资料，在此向原作者表示感谢。本书的出版发行对生猪养殖场（户）、环境保护、畜牧兽医相关部门人员对猪场主要废弃物包括猪粪、尿液、污水、废气、病死猪、兽医医疗废弃物以及生活废弃物的处理处置技术有参考应用、指导与监督检查的意义，是一本具有科学性、实用性的参考书。

由于时间仓促，加之编者水平有限，书中疏漏和不足之处，真诚希望广大同行、专家和读者批评指正。

作者

2018 年 9 月

目　　录

1 概　述

1.1 生猪产业发展现状

1.1.1 产业概况

1.1.1.1 发展历程

新中国成立以来，生猪生产供应受到大众的格外关注，我国生猪产业经历了多个发展阶段，从计划经济时期的限制饲养到包产到户的自主散养，再到规模化、集约化的现代生猪养殖为主的发展过程，逐渐从单纯的本地猪的饲喂发展到外种猪的饲喂，从追求数量增长向追求数量和质量同步发展，生猪产业已步入现代化发展的快车道，猪肉早已成为我国绝大多数城乡居民日常生活中最重要的肉类产品，在人们日常饮食中占有重要地位，生猪生产供应的增长，有效满足了城乡居民食品消费升级与生活水平增长的基本需求。经过多年发展，我国已成为全球最大的生猪生产国以及消费国。

纵观我国生猪产业发展，主要可分为如下 5 个阶段。

第一阶段时间为 1949~1978 年，是我国改革开放前的时期，为我国生猪产业起步发展阶段。这段时间是我国社会经济短暂的恢复发展时期，生猪产业发展得以开始起步，此后由于受到"文化大革命"和"大跃进"的影响，全国生猪产业发展受到影响，发展非常缓慢。该阶段生猪产业主要作为农业生产的副业在发展，生猪整体生产水平较低，效率不高，造成全国猪肉市场的供给严重不足，城乡居民消费需要通过发放"肉票"来进行控制消费。

第二阶段时间为 1978~1984 年，是我国改革开放的初期，为我国生猪产业恢复发展阶段。这段时间是全国农村改革开始不断深入的阶段，土地联产承包制在农村得以推广落实，广大农户有了灵活的生产经营自主权，生产力得到释放，极大地促进了生猪养殖业主的积极性，该段时间全国生猪养殖生产水平和养殖效益都得到较大的促进，全国生猪饲养量不断增加。1978~1984 年，我国生猪出栏量由 16000 万头，增长到 22000 万头，比 1978 年增长了 36%。

第三阶段时间为 1985~1997 年，是我国农村改革快速发展时期，为生猪产业快速发展阶段。这段时间是我国改革开放不断深入的阶段，生猪生产、营经、销售体制改革也在不断推进完善，生猪产业迎来了快速的发展时期。1985年中共中央、国务院出台了《关于进一步活跃农村经济的十项政策》，全面放开了生猪购销政策，生猪实现了市场自由交易，这为全国生猪产业的发展提供了重要的发展契机。此后，农业部开展实施了"菜篮子工程"，有力地促进了全国猪肉市场的增长。1990~1997年，全国猪肉产量由2281.10万吨增长到3596.30万吨，年均增长率达6.7%，全国城乡居民猪肉人均占有量达到了29kg，基本解决了长期以来猪肉市场供应不足的局面。

第四阶段时间为1997~2006年，是我国经济结构转型时期，为生猪产业结构性调整阶段。该阶段生猪产业快速发展，优化结构、增加效益成为该阶段产业发展的主线，但同时产业发展也面临着市场、资源和环境的多重因素的影响，产业发展波动起伏，为此全国的生猪产业逐步由追求数量型增长向追求质量效益型增长转变，生猪养殖方式由散养为主向适度规模化转变，生猪产业优势集中区域逐步形成，产业不断优化整合，产业链不断完善延长，初步形成了龙头企业+农户的生猪产业发展体系。

第五阶段时间为2007年至今，是我国经济结构深化转型期，为生猪产业现代化发展阶段。该阶段全国生猪生产围绕标准化、规模化、产业化取得快速的发展，但与此同时猪肉价格开始呈现周期性波动，成为产业发展面临的新问题和挑战。

1.1.1.2 发展现状

改革开放以来，我国生猪养殖规模化、集约化发展迅速，生猪产业发展取得显著成效。生猪产业的综合生产能力和市场保障能力都得到了进一步的提高，产业发展再基本满足消费者对于猪肉及其加工产品不断增长的市场需求的同时，对于农业持续增效、农民稳定增收起到重要作用。

从国际上来看中国生猪养殖量约占世界生猪总养殖量50%以上，生猪养殖在全世界的地位十分重要。

2017年，世界生猪存栏量为76905万头，比2016年下降了2.01%。中国、欧盟以及美国的存栏总量占世界存栏量的比重为85.01%，较2016年略有下降。中国的存栏量占到了世界的56.57%，在2014年以后连续3年下降。2017年，欧盟（28国）存栏量占世界的比重为19.15%，美国占比为9.30%，两者都是在2014年以后连续3年上升。历年世界生猪存栏情况见图1-1。

2017年，世界生猪出栏量达到125411万头，比2016年上升了5.20%。中国、欧盟（28国）以及美国的出栏量占到了世界的85.56%，比2016年有所下降，中国的出栏量占世界的比重为54.10%，比2016年上升了2.09个百分点。

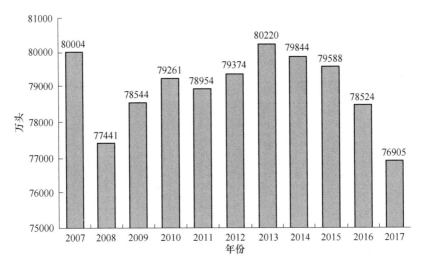

图 1-1　历年世界生猪存栏情况（数据来源：美国农业部，USDA）

欧盟（28 国）出栏量占比为 21.15%，美国占 10.31%，欧盟和美国的份额都有所下降。历年世界生猪出栏情况见图 1-2。

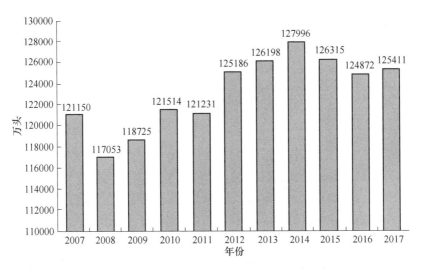

图 1-2　历年世界生猪出栏情况（数据来源：美国农业部，USDA）

　　2017 年世界猪肉产量达到 11103 万吨，比 2016 年上升了 2.62%，中国、欧盟（28 国）、美国的猪肉产量占世界的 79.82%，比 2016 年有所下降，其中，中国占 48.18%，较 2016 年下降 0.79 个百分点，欧盟（28 国）占 21.07%，比 2016 年有所下降，美国占 10.56%，比 2016 年有所上升。历年世界猪肉生产情况见图 1-3。

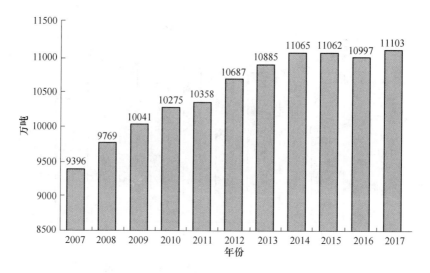

图 1-3　历年世界猪肉生产情况（数据来源：美国农业部，USDA）

2017 年，世界生猪和猪肉产量上升的主要原因是中国的产量有所恢复和美国的产量明显上升，据美国农业部的估计，2017 年中国生猪出栏量以及猪肉产量分别为 67850 万头以及 5350 万吨，分别比 2016 年上升了 0.89% 以及 0.96%，2017 年美国生猪出栏量以及猪肉产量分别为 12930 万头以及 1172 万吨，分别比 2016 年上升 2.67% 和 3.55%。欧盟 2017 年的产量与 2016 年基本持平。

1.1.1.3　产业布局

在中国生猪养殖分布比较广泛，随着沿海地区产业结构调整步伐的加快，生猪产业也逐渐向内地区域调整，生猪养殖区域越来越与粮食主产区靠近，目前主要集中在华东、华中、西南和华南，另外中东部气温适宜，水源方便，有利于生猪生长，生猪产业发展基础较好，中东部以及南方经济比较发达，人口比较多，需求较高，生猪产业发展活力较强，东北地区因饲料成本比较低，铁路陆运交通便利，地域辽阔，养殖量也比较大，此外，该区生猪养殖还肩负满足京津冀内蒙古一带的消费需求，故东北地区生猪养殖具有一定优势，是众多生猪养殖龙头企业发展规模化、标准化升值养殖的重要基地。生猪产业优势区生猪存栏量占到全国总存栏量的 50% 以上，生猪出栏量占到全国总出栏量的 60% 左右。目前，四川、河南、湖南、山东、云南、湖北、广西、广东、河北、江苏等分别排在全国生猪生产的前 10 名，其中四川养殖量位居全国首位，其出栏量占全国总出栏量 10% 左右。详见表 1-1。

表 1-1　全国生猪养殖区域分布（2016 年数据）

区域	年份	存栏		出栏		猪肉产量	
		数量/万头	比例/%	数量/万头	比例/%	数量/万吨	比重/%
重点发展区	2010	18613.6	40.1	25839.0	38.7	1929.2	38.0
	2016	17540.3	40.3	26883.4	39.2	2038.0	40.6
约束发展区	2010	16549.0	35.6	26580.7	39.9	1996.2	39.4
	2016	15234.2	35.0	26212.6	38.3	2015.9	40.2
潜力增长区	2010	8982.5	19.3	11303.5	17.0	925.3	18.2
	2016	8344.2	19.2	12120.0	17.7	715.1	14.3
适度发展区	2010	2314.9	5.0	2963.2	4.4	220.5	4.3
	2016	2385.2	5.5	3285.9	4.8	245.8	4.9

　　农业部依据饲料资源优势、生产基础优势、市场竞争优势和产品加工优势，确立了沿海地区生猪优势产区（包括江苏、浙江、广东和福建 4 省的 55 个基地县）、东北生猪优势产区（包括吉林、辽宁和黑龙江 3 省的 30 个基地县）、中部生猪优势产区（包括河北、山东、安徽、江西、河南、湖北和湖南 7 省的 226 个基地县）和西南生猪优势产区（包括广西、四川、重庆、云南、贵州 5 省区市的 126 个基地县）。2016 年，国家发布"十三五"生猪产业发展规划规定，将四川、河南、河北、山东、广西、海南和重庆划为生猪养殖重点发展区，以供北上广深等沿海城市生猪需求。为保护水资源和环境资源，长江中下游和南方水网区的两湖、长三角、珠三角一带规划为约束发展区。东北地区、内蒙古和西南地区的云南贵州地区地域辽阔，粮食资源充足，适合养殖规模化发展，增长潜力大。山西、陕西等西北地区地域宽广、可实行规模化发展，但是受缺乏水资源、民族饮食习惯不同、养殖基础薄弱等的限制，定为养殖适度发展区域。

1.1.1.4　养殖规模

　　2013 年颁布实施的《畜禽规模养殖污染防治条例》中第四十三条，明确指出畜禽养殖场、养殖小区的具体规模标准由省级人民政府确定，并报国务院环境保护主管部门和国务院农牧主管部门备案。2018 年农业农村部办公厅下发的《农业农村部办公厅关于做好畜禽粪污资源化利用跟踪监测工作的通知》（农办牧〔2018〕28 号）中明确规定，各省规模养殖场标准按各省公开发布或者报农业农村部、生态环境部备案的标准执行。其中各省生猪规模养殖标准见表 1-2。

表1-2 各省生猪规模养殖场规模界定标准

序号	省份	存栏/头	出栏/头	序号	省份	存栏/头	出栏/头
1	北京	500	—	17	湖北	—	500
2	天津	300	—	18	湖南	—	500
3	河北	—	500	19	广东	—	500
4	山西	—	500	20	广西	200	500
5	内蒙古	500	—	21	海南	—	500
6	辽宁	500	—	22	重庆	200	—
7	吉林	—	300	23	四川	—	500
8	黑龙江	—	500	24	贵州	—	1000
9	上海	500	—	25	云南	200	—
10	江苏	200	—	26	西藏	—	300
11	浙江	200	—	27	陕西	300	—
12	安徽	—	500	28	甘肃	—	500
13	福建	250	—	29	青海	300	500
14	江西	300	500	30	宁夏	300	—
15	山东	—	500	31	新疆	—	500
16	河南	—	500				

1.1.1.5 发展趋势

A 规模化程度不断提高

随着全国现代生猪产业的不断发展以及市场、生态环境等一系列内外环境的影响，生猪规模化、标准化已成为产业发展趋势，在可预见的一段时间内，生猪养殖中小散户将持续不断的退出，规模养殖企业继续增加产能填补由生猪养殖中小散户退出养殖产能空缺，生猪养殖将呈现养殖区域规模化、集团化、全产业链化的特征。除了近几年环保因素的原因外，也与近年来生猪养殖效益微利化有关，生猪行业的养殖效益不断透明化、微利化，效益的获得更多地需要以精细化的管理，在规模的基础上从管理中获得效益。相关资料显示，生猪主产区四川、福建、广东等省份生猪中小养殖户退出比例最高达到30%，与此同时规模养殖龙头企业却在大幅扩张。部分企业发展规模见表1-3。

表 1-3 部分企业未来发展规模

企 业	目前规模/万头	发展目标/万头
温氏	1500	5000
正邦	230	5000
天邦	30	3000
新希望六和	170	3000
雏鹰农牧	150	1000
牧原股份	300	600
大北农	—	100
唐人神	10	600
中粮肉食	230	600
宝迪	100	1000

B 组织化程度不断提升

鉴于中国现代生猪产业发展的不断推进，传统的以农户为基本经营单位的生猪养殖将逐步退出市场，以家庭农场、合作社、龙头企业为代表的新型经营主体的发展成为生猪产业发展的趋势，组织化程度的提升，不但可以减少由于分散养殖经营而带来的生猪养殖市场不稳定和猪肉价格的周期性波动，同时也可以促进与生猪养殖相关的科技成果的推广运用，提升养殖效率、降低资源消耗，保障猪肉质量安全。为此，国家必将进一步加大对生猪养殖新型经营主体的扶持力度，全面提升生猪养殖的组织化程度。

C 社会化服务不断提升

社会化服务体系的不断提升将为生猪产业发展提供服务支撑。从生猪产业发展的环节来看，只有通过围绕良种繁育、地方资源、新品种培育、饲料、动物防疫、兽医兽药、生猪销售、屠宰加工等方面不断提升社会化服务，保障这些社会化服务平台不断建立和完善，才能保障中国生猪产业的稳定和健康发展。

D 粪污资源化势在必行

近几年来，生态环保问题成为社会关注的重点，其中畜禽养殖污染是农业面源污染的重要因素，特别是随着养殖规模不断地扩大、数量的急剧增加，大量粪便的排放也给周围环境带来了较大的压力，导致农村生态环境问题日益突出，成为全国一些区域、流域的重要污染源，尤其是中国的生猪养殖业，其养殖数量最多、发展速度快、排放粪污量最大，因而污染情况更为严重。据资料显示，每生产 1 头肥猪（180 天，100kg 重），约产生 4t 粪便和污水，粪污引起的环境污染问题已成为生猪养殖场建厂或正常生产的关键因素，着手解决粪污资源化这一问题已经刻不容缓。目前生猪养殖的污染治理问题已得到全社会的广泛关注，我国各级政府针对养殖场的污染也出台了各种相关的法律和法规,2014 年颁布的《畜禽规模养殖污染防治条例》就是针对畜禽养殖污染的一项基本法规,《条例》制定的目的就是为了进一步防治畜禽规模养殖污染,推进畜禽养殖废弃物的综合利用和无害化处理,保护和改善乡村环境,保障社会公众的身体健康,促进我国畜牧业持续的健康发展。

1.1.2　猪肉消费

猪肉一直是我国居民肉类消费的主体。20 世纪 80 年代以前,猪肉占居民肉类消费比重的95%以上。随着肉类消费的多样化发展,尽管猪肉消费总量不断增加,但其占肉类消费的比重逐步下降。过去 10 年中,中国猪肉消费量随着人口和收入的增长,年均增速基本维持在 2.3%左右,但城乡猪肉消费差距较大,城镇人均消费高出农村 8~10kg 以上,随着农村经济发展和农民收入的提高,农村猪肉消费量持续快速增加,而城市居民的消费增长趋缓,城乡消费差距逐渐缩小,2012 年中国城镇居民人均猪肉消费 21.23kg,农村居民人均猪肉消费14.4kg。近几年来,随着居民收入水平的不断提高以及畜牧业结构调整的加快,猪肉已由最早的生活消费奢侈品转变为居民生活基本消费品,尤其是对于城镇居民来说,人均猪肉消费量已经逐渐趋于饱和,猪肉消费量和消费比重均呈略微下降的趋势。

近年来,随着生活水平的不断提高,中国居民的肉类消费结构正在发生改变,由过去一猪独大的消费局面正向猪肉为主,其他肉类为重要补充的方向发生转变,在禽肉和水产品人均占有量增加的基础上,以牛羊肉为代表的草食牲畜肉制品在肉类消费中的比例正逐步提高,但受传统饮食习惯的影响,猪肉依旧是中国居民肉类消费的主要选择。从国际消费来看,中国人口占世界总人口约19.0%,猪肉消费量占世界猪肉消费量 49.6%,自 2000 年以来一直保持在 59%以上。从国内消费看,中国猪肉消费整体呈稳定增长趋势,2016 年全国人均猪肉占有量达到 38.4kg,猪肉消费总量为 5407 万吨,占世界总消费量的 50.1%。我国居民对猪肉消费习惯主要以热鲜肉消费为主,就决定了生猪养殖地和消费地比较近。长三角、珠三角和环渤海经济圈是主要消费群,猪肉调入量巨大,2016 年这些经济圈有代表性省份的猪肉供需缺口量数据显示,上海 190 万吨、广东187 万吨、浙江 151 万吨、北京 131 万吨、天津 127 万吨、福建 77 万吨、海南 76万吨等。

1.1.3　生猪贸易

2016 年全国生猪产品进出口贸易总额为 698795.81 万美元,占贸易总额的比重为 24.06%,同比增长 75.55%,其中进口贸易额 580932.26 万美元,占进口总额比重为 24. 825%，同比增长 111. 42%，出口贸易额 117863. 55 万美元，占出口总额比重为 20. 89%，同比减少 4. 41%。在进出口的生猪产品中，2016 年我国猪肉进口量为 162 万吨，进口额为 31. 9 亿美元，出口猪肉产品 14. 7 万吨，出口猪肉 4. 9 万吨，出口活猪 155 万头。猪肉产品（猪肉、猪杂碎、加工猪肉）进出口总量为 324. 3 万吨，比 2015 年增长 82. 9%，进出口总额 64. 61 亿美元，比 2015 年增长 85. 2%。其中中国猪肉产品（猪肉、猪杂碎、加工猪肉）出口量为 14. 7 万吨，出口额为 6. 65 亿美元，猪肉产品中，加工猪肉、猪肉和猪杂碎出口量分别为 9. 84 万吨、4. 85 万吨和 0. 04 万吨。出口金额为 2. 54 亿美元，中国对亚洲出口猪肉数量为 4. 85 万吨。

1.1.4 废弃物生产

2010 年《全国第一次污染源普查公报》显示，畜禽养殖业排放的化学需氧量达到 1268. 26 万吨，占农业源排放总量的 96%；总氮和总磷排放量为 102. 48 万吨和 16. 04 万吨，分别占农业源排放总量的 38% 和 56%，畜禽粪污成为农业面源污染的主要来源。随着规模化、集约化程度不断提高，粪污的产生量越发集中，粪污处理的难度也越发增加，加之长期以来存在的农牧结合不紧密和区域布局不合理等问题，造成畜禽养殖与环境保护矛盾日益突出，由于中国以生猪为主的畜禽养殖结构依旧没有发生根本性的改变，所以从畜禽种类方面来看，生猪是整个畜禽养殖废弃物产生的主要来源，因此生猪已经成为各地治理畜禽污染的主要畜种。特别是南方水网地区的环境敏感区，由于环境保护压力的日益严峻，规模生猪养殖场已经成多地的重点监测管理和粪污治理对象。据测算一个万头规模化生猪养殖场，常年存栏生猪约 6000 头，每天排放的粪尿总量可达到 30 吨左右，全年的粪尿总量约为 10950t，如果加上其他的污水和生产中产生的其他废弃物，万头猪场全年的废弃物产生量将更多。2015 年全国畜禽粪尿产生总量约为 36. 2 亿吨，其中生猪粪尿产生量约 13. 6 亿吨，占全年畜禽粪尿产生的 37. 4%，其中粪便方面，经测算目前全国生猪养殖的粪便产生量超过 6 亿吨，约占畜牧业粪便总量的 1/3，其综合利用率不足一半。污水方面，生猪养殖产生的污水量占全部畜禽污水产量的比例估计在 50% 左右，如何实现大量的生猪养殖污水的安全无害化利用已成为当前各界关注的重点。此外，生猪养殖中还会产生胎衣、病死猪等其他生产废弃物，按全国育肥猪成活率 98% 计算，2016 年全国在育肥阶段约有 1398 万头病死淘汰育肥猪。目前，全国生猪、家禽粪便总量高达 5. 8 亿吨，粪水排放总量高达 60 亿吨。按 1 头母猪 1 天排粪 3. 29kg、尿 5. 48kg，1 头商品猪 1 天排粪 2. 17kg、尿 3. 5kg 计算，则一个自繁自养的万头猪场 1 年纯粪污排放量就达 1. 2 万吨左右。这些都为生猪产业的绿色发展提出了严峻挑战。

1.2 生猪养殖废弃物

工业、农业和生活活动是现在污染的主要来源，而猪场粪便和污液是造成畜牧业污染的主要原因。随着猪场建设规模的扩大，产生的废弃物量逐渐增加，从而增加猪场处理的压力。因此，必须对猪场养殖产生的粪便和污液进行净化处理。相关研究结果表明，猪场废弃物如果直接排放到周围环境，不经处理会污染土壤、水源、空气，还会使人体健康受到影响。因此，对猪场废弃污物的无害化处理已逐渐成为相关科研、管理部门的热点和难点。近几年来，许多地方推广猪场废弃物的无害化处理综合利用技术，达标排放同时净化环境，将粪便与污液变成燃料和肥料，效果显著。

1.2.1 废弃物的定义

根据《畜禽养殖废弃物管理术语》（GB/T 25171—2010）中的定义，生猪养殖废弃物是指生猪养殖过程中产生的废弃物，包括粪、尿、垫料、冲洗水、动物尸体、饲料残渣和臭气、医疗废弃物、生活垃圾等，其中最主要的养殖废弃物是生猪日常生产产生的粪便和养殖污水。粪便是指生猪日常生产产生的粪、尿排泄物。根据粪便中固体物含量不同，生猪粪便又分成固体粪便、半固体粪便、粪浆和液体粪便，不同状态粪便之间没有十分明显的区分界线，比如粪浆和半固体粪便在直观上基本无法进行区分，粪便的各种状态主要与生猪养殖场养殖工艺场直接相关。养殖污水是生猪日常生产中冲洗系统运行后产生的液体废弃物，其中包括粪便残渣、尿液、散落的饲料以及生猪毛发和皮屑等。

1.2.2 废弃物的分类

生猪养殖场通常根据废弃物的形态，可将其分为固体废弃物、液体废弃物和气体废弃物三部分。其中固体废弃物包括生猪养殖过程中产生的猪粪、猪只尸体、胎衣以及饲料残渣等。液体废弃物包括猪只尿液，生产饮水，浪费用水，圈舍清洁、消毒等冲洗用水，圈舍降温用水以及员工生活污水等。气体废弃物包括生猪养殖生产产生粪尿臭气等。

1.2.3 废弃物的来源

根据生猪养殖废弃物的概念，猪场废弃物主要来源于猪只粪便、污水、猪只尸体、饲料残渣等，其中猪只日常生产产生的粪便和养殖污水占猪场废弃物的比例最大，是生猪养殖场废弃物最重要的来源。通常生猪粪便排泄产生量受到生猪品种、年龄、生产季节、环境温度以及饲喂饲料等多方面的影响，即使是来源相同的同一品种的生猪，在环境一致的饲养条件下，其粪便排泄量也会因为性别、

日龄、体重以及健康状况等猪只个体情况的差异而存在区别。养殖污水的产生量
与生猪养殖场的养殖工艺密切相关，其中最为重要的是清粪工艺，直接决定了养
殖污水产生量的多少。此外，猪只尸体、饲料残渣等与猪场的饲养管理工艺有较
大关系，精细科学的饲养管理能有效提高猪只的成活率，减少猪只尸体的产生
量，科学的饲料配方、适合的喂料方法和设备能较大程度上减少饲料残渣的产生
数量。猪场废弃物产生环节见表1-4。

表1-4 猪场活动与废弃物产生

主 要 活 动	产生的废弃物
圈舍清扫、消毒	粪便、污水
饲喂、饮水	饲料残渣、污水
疫病治疗	兽医医疗废弃物
饲料加工处理	飞尘、包装口袋
母猪繁殖	粪便、胎衣、仔猪尸体等
育肥猪生产	粪便、污水、病死猪
餐饮、住宿	生活垃圾

1.2.4 废弃物的特点

粪便直观形态受到含水量的影响，根据粪便水分含量的多少，生猪粪便以固
体和液体两种不同形态存在，如果按照粪便中固体物含量多少再进行细分，生猪
粪便形态可进一步细分为固体、半固体、粪浆和液体，四种形态的固体物含量标
准分别为大于20%、10%～20%、5%～10%、小于5%。当粪便受到其他因素影
响，造成粪便中固体物含量或水分含量发生变化到一定程度时，也会引起粪便从
一种形态转变成另一种形态。另外生猪饲喂的饲料、添加剂、垫床用的垫草的类
型和数量等，也是影响粪便形态的部分因素，都可能对粪污的最终形态产生影
响。通常从直观上来看，生猪粪便各种相邻形态间，并没有明显的界线，如粪浆
和半固体之间。生猪粪便中水量的含量通常约为20%，其中初生仔猪的粪便的含
水量相对较高，其他阶段猪只固体粪便的含水量相对较小。此外，当猪只在饲喂
多汁饲料时，其产生的粪便含水量也会相对增大，同时健康状况也会影响粪便水
分含量，疾病通常可造成粪便中的水分发生变化。粪便中的粗蛋白、粗脂肪、粗
纤维和无氮浸出物等都主要来源于未消化的饲料蛋白，其含量的高低主要与饲料
中相应营养元素的含量以及猪只对其的消化吸收程度直接有关。

生猪粪便内含有粗蛋白质、脂肪类、有机酸、纤维素、半纤维素以及无机
盐，其中氮含量较多，碳氮比例较小，一般容易被微生物分解，释放出可为作物
吸收利用的养分。猪粪便物质成分及含量分别见表1-5～表1-8。

表 1-5　猪粪便的成分（占干物质百分比）　　　　　　　（%）

成分	干物质	粗蛋白	粗纤维	钙	磷	灰分	总消化养分
含量	90	19	17	3.5	2.6	17	45

生猪粪便和污水中所含有的较多的有机质、氮、磷、COD、BOD、NH_3-N，且根据不同的生产工艺，其含量有较大差别，如果不经过处理，直接排放会对周边的环境产生严重影响。

表 1-6　生猪养殖场粪污成分　　　　　　　（mg/L）

成　分	含　量
pH 值	7.5~8.1
SS	1500~12000
BOD_5	2000~6000
COD_{cr}	5000~10000
氯化物	100~150
氨氮	100~600
亚硝酸盐	0
硝酸盐	1.0~2.0
细菌总数/个·L^{-1}	$1×10^5$~$1×10^7$
蛔虫卵数/个·L^{-1}	5.0~7.0

表 1-7　不同清粪方式下养猪场废水的水质　　　　　　　（mg/L）

废水种类	水冲清粪	水泡清粪	干式清粪
BOD_5	7700~88000	1230~15300	3960~5940
COD	1700~19500	2720~34000	8790~13200
SS	1030~11700	164~20500	3790~5680

此外，生猪在饲养中的气体废弃物主要来自猪只粪便、污水、饲料残渣、病死猪只等，其组成成分非常复杂，通常认为主要由氨气、硫化氢以及挥发性脂肪酸等组成。

表 1-8　猪场空气中氨浓度　　　　　　　（mg/m³）

季　节	产区中心	下风向
春季	7.4~9.4	3.1~4.6
夏季	1.1~1.4	0.8~1.6
冬季	0.6~1.7	0.5~1.5
平均值	3.0~4.2	1.9~2.1

1.2.5　废弃物的产生量

生猪养殖废弃物由于其来源广泛，且其产生的量与养殖场规模、饲养管理工艺等密切相关，各猪场的生产方式、生产管理水平等存在较大的差异，因此目前还没有适用于对生猪废弃物产量，特别是对猪场气体废弃物的产生还没有统一的计算公式，目前对生猪养殖场废弃物产量的计算，主要集中在粪便和养殖污水的产生量方面。目前关于生猪废弃物的产生量主要有以下几种计算方式。

1.2.5.1　简易计算公式

猪粪尿的排泄量：尽管猪粪尿排泄量受到环境因子、饲料质量、饮用水量等因素的影响，但一般仍可采用简易公式进行计算：

$$Y_i = 0.530F - 0.049$$

式中　Y_i——粪便排泄量，kg；

　　　F——饲料量，kg。

$$Y_w = 0.205 + 0.438W$$

式中　Y_w——尿排泄量，kg；

　　　W——饮水量，kg。

根据以上公式计算的猪排泄粪量和排泄尿量情况见表1-9～表1-12。

表1-9　猪排粪量　　　　　　　　　（kg）

体重		20	40	60	80	100
限饲	饲料采食量	0.91	1.43	1.95	2.47	2.99
	排粪量	0.43	0.71	0.99	1.26	1.54
任饲	饲料采食量	1.39	1.95	2.31	2.77	3.23
	排粪量	0.69	0.93	1.18	1.42	1.66

表1-10　猪排尿量　　　　　　　　　（kg）

体重	20	40	60	80	100
饮水量	5.12	5.58	6.04	6.50	6.96
尿排泄量	2.45	2.65	2.85	3.05	3.26

依据上表，每头猪生长阶段粪尿排泄量见表1-11，公猪、母猪平均粪尿排泄量见表1-12。

表 1-11　猪生长阶段粪尿排泄量　　　　　（kg）

体重		20	40	60	80	100
粪尿量	限饲	2.88	3.36	3.84	4.32	4.79
	任饲	3.14	3.58	4.03	4.47	4.92

表 1-12　公猪、母猪平均粪尿排泄量　　　　　（kg）

项目	周期体重	饲料消耗量	饮水量	粪便量	排尿量	粪尿量
母猪	140~160	3.15	12.29	2.2	4.52	6.72
公猪	120~140	2.74	10.69	2.1	4.31	6.41

1.2.5.2　常用计算公式

粪污总产生量=粪便总产生量+废水总产生量

粪便总产生量 $= N \times T \times P$　　（t／年）

式中　N——饲养量；

　　　T——饲养周期；

　　　P——粪便排泄系数。

废水总产生量 $= N \times T \times P + N \times Q \times \alpha \times 365$　　（m³／年）

废水总产生量包括畜禽尿液与冲栏水产生总量，其中，N 为饲养量；T 为饲养周期；P 为尿液排泄系数；Q 为养殖场日平均牲口冲栏用水量，m³/（头·天）；α 为冲栏排污系数。

以上公式中，粪便与尿液排泄系数可在第一次全国污染源普查畜禽养殖业源产排污系数手册中查询（见表 1-13），冲栏排污系数采用污水排放系数 80%。养殖场日平均牲口冲栏用水量参考各地方养殖用水定额标准。

表 1-13　第一次全国污染源普查生猪粪尿产生量

区　域	饲养阶段	参考体重/kg	粪便量 /千克·（头·天）⁻¹	尿液量 /升·（头·天）⁻¹
华北区	保育	27	1.04	1.23
	育肥	70	1.81	2.14
	妊娠	210	2.04	3.58
东北区	保育	23	0.58	1.57
	育肥	74	1.44	3.62
	妊娠	175	2.11	6.00

续表 1-13

区　域	饲养阶段	参考体重/kg	粪便量/千克·头·天$^{-1}$	尿液量/升·头·天$^{-1}$
华东区	保育	32	0.54	1.02
	育肥	72	1.12	2.55
	妊娠	232	1.58	5.06
中南区	保育	27	0.61	1.88
	育肥	74	1.18	3.18
	妊娠	218	1.68	5.65
西南区	保育	21	0.47	1.36
	育肥	71	1.34	3.08
	妊娠	238	1.41	4.48
西北区	保育	30	0.77	1.84
	育肥	65	1.56	2.44
	妊娠	195	1.47	4.06

1.2.5.3　行业要求公式

根据农业部、环境保护部关于印发《畜禽废弃物资源化利用工作考核办法（试行）》的通知，生猪养殖场固体和液体废弃物产生量，其计算公式及参数如下。

A　液体粪污产生量

a　干清粪工艺

液体粪污产生量 = 养殖用水量×进入粪污系数 +

单位动物尿液产生量×年末存栏×365/1000

养殖用水量主要包括畜禽饮用水、清洁卫生用水、降温水等（下同）。养殖用水量进入粪污系数一般为 30%~60%，按 45% 计算。单位动物尿液产生量参数见表 1-14。

表 1-14　尿液产生量计算参数表　　　　（kg/（天·头（只）））

地　区		生猪	奶牛	肉羊	蛋鸡	肉鸡	肉牛
华北区	北京、天津、河北、山西、内蒙古	1.92	11.19	0.41	——	——	7.09
东北区	辽宁、古林、黑龙江	3.04	11.9	0.41	——	——	8.78
华东区	上海、江苏、浙江、安徽、江西、福建、山东	2.19	11.86	0.41	——	——	8.91

地区		生猪	奶牛	肉羊	蛋鸡	肉鸡	肉牛
中南区	河南、湖北、湖南、广东、广西、海南	2.92	15.19	0.41	——	——	9.15
西南区	重庆、四川、贵州、云南、西藏	2.53	11.86	0.41	——	——	8.32
西北区	陕西、甘肃、宁夏、新疆	2.36	9.81	0.41	——	——	8.32

b 水泡粪和水冲粪（无固液分离）

液体粪污产生量=养殖用水量×进入粪污系数+

单位动物尿液产生量×年末存栏量×365/1000+

单个动物粪便产生量×年末存栏量×365/1000

养殖用水量进入粪污系数一般为 70%~90%，按 80% 计算。单位动物尿液产生量参数同上，单位动物粪便产生量见表 1-15。

表 1-15 粪便产生量计算参数表 （kg/（天·头（只）））

地区		生猪	奶牛	肉羊	蛋鸡	肉鸡	肉牛
华北区	北京、天津、河北、山西、内蒙古	1.52	25.64	0.69	0.12	0.12	15.01
东北区	辽宁、古林、黑龙江	1.16	26.35	0.69	0.08	0.18	13.89
华东区	上海、江苏、浙江、安徽、江西、福建、山东	0.93	25	0.69	0.11	0.22	14.8
中南区	河南、湖北、湖南、广东、广西、海南	1	26.45	0.69	0.12	0.06	13.87
西南区	重庆、四川、贵州、云南、西藏	1	25	0.69	0.12	0.06	12.1
西北区	陕西、甘肃、宁夏、新疆	1.24	15.76	0.69	0.08	0.18	12.1

c 水泡粪和水冲粪（固液分离）

液体粪污产生量=养殖用水量×进入粪污系数+

尿液产生量×年末存栏量×365/1000+

单位动物粪便产生量×年末存栏量×365/1000×

（1-固液分离效率）

式中，用水量进入粪污系数取值和单位动物尿液产生量、粪便产生量参数同上；固液分离效率中系数建议取值范围 80%~88%，按 84% 取值。

B 固体粪污产生量

a 干清粪

固体粪污产生量=单位动物粪便产生量×年末存栏量×365/1000

b　水泡粪和水冲粪（固液分离）

固体粪污产生量=单位动物粪便产生量×年末存栏量×365/1000×固液分离效率

C　种猪场粪污产生量核算参数

没有商品肥猪出栏的种猪场，按照能繁母猪存栏量核算，具体核算参数为：按仔猪存栏 35 天，每头母猪年产健仔数 20 头测算，每头能繁母猪尿液产生量按 7.6kg/天取值，固体粪便产生量按 3kg/天取值。

1.2.6　废弃物的潜在危害

1.2.6.1　有害气体污染

生猪生产产生的猪粪污中含有大量的未被消化吸收的有机物，以蛋白质为主的含氮化合物和碳水化合物为主，是有害气体的主要来源。据报道，畜牧场散发出的恶臭，其臭味化合物有 168 种，其中猪粪的臭味化合物有 75 种之多。其中最常见的包括氨气、硫化氢和二氧化碳。

A　氨气

氨气会刺激猪黏膜，引起黏膜充血、喉头水肿、支气管炎；严重时会引起肺水肿、肺出血。此外，氨还能引起中枢神经系统麻痹，中毒性肝病等。猪如果长期处在低浓度氨气中，体质会变弱，抗病力、采食量、日增重、生殖能力下降，这种症状称为"氨的慢性中毒"。在猪舍中，氨气常被溶解或吸附在潮湿的地面、墙壁及生猪的黏膜上，刺激生猪的外黏膜，引起黏膜充血、喉头水肿。氨气进入猪的呼吸道，可引起咳嗽、气管炎和支气管炎、肺水肿出血、呼吸困难、窒息等症状。高浓度的氨，可直接刺激机体组织，甚至能引起中枢神经系统麻痹、中毒性肝病、心肌损伤等症。生猪处在低浓度氨的长期作用下，体质变弱，对某些疾病的易感性增强，采食量、日增重、生产力都下降。猪舍氨含量一般应控制在 0.003% 以内，若氨气浓度较高，猪会产生明显的病理性反应和症状。据报道，猪的生产性能在氨气浓度达到 0.005%（$50mL/m^3$）时，开始受到影响；0.01%时食欲降低，并容易诱发各类呼吸道疾病。临床上最常见的是萎缩性鼻炎、猪喘气病（纤维素性肺炎）、猪传染性胸膜肺炎等，且受有害气体影响，发病后治愈率低，致使患病猪的生长缓慢成为僵猪而失去饲养价值或预后不良，造成死亡，严重影响猪场的经济效益。

B　硫化氢（H_2S）

H_2S 对圈舍内猪只及饲养管理人的眼、呼吸道有较大影响。高浓度时，会造成人的嗅觉神经麻痹，甚至可以造成膈肌麻痹。据报道，H_2S 浓度超过 $200mg/m^3$ 时，就会造成环境内的猪只或者饲养管理人员轻度中毒，长时间甚至会造成死亡；当浓度超过 $1500mg/m^3$ 时，15min 以内即可造成环境内的猪只或者饲养管理人员死亡。猪舍中的硫化氢主要由含硫物分解而来，产自猪舍地面，故愈接近地面，浓度愈大。硫化氢主要会刺激猪黏膜，引起眼结膜炎、鼻炎、气管炎，以至肺水肿。经常吸入低浓度硫化氢可出现植物性神经紊乱。游离在血液中的硫化氢，能和氧化型细胞色素氧化酶中的三价铁结合，使酶失去活性，影响细胞的氧化过程，造成组织缺氧。如果长期处在低浓度硫化氢的环境中，猪会出现体质变弱、抗病力下降。高浓度的硫化氢可直接抑制呼吸中枢，引起窒息和死亡。

C　二氧化碳（CO_2）

CO_2 本身无毒，其危害主要是高浓度的 CO_2 引起环境缺氧。在生猪舍中，CO_2 通常很少会达到造成猪只或者饲养管理人员中毒的浓度，但其浓度的高低通常反映了猪舍空气质量的污浊程度。CO_2 浓度越高，表明其他恶臭成分和有害气体愈多。据报道一头体重 100kg 的猪，每小时可呼出二氧化碳 43L，因此如果猪舍通风不良，内部二氧化碳含量往往会比室外大气高出许多倍。二氧化碳本身无毒性，它的危害主要是造成缺氧，引起慢性毒害。猪如果长期处于缺氧环境中，将导致精神萎靡，食欲减退，体质下降，生产力降低，对疾病的抵抗力减弱，特别易于感染结核病等传染病。猪舍内二氧化碳浓度不应超过 0.15%。

1.2.6.2　氮、磷污染

研究资料表明，一头小猪从断奶至养到 100kg 体重时上市屠宰，共需消耗氮 8~9kg，其中能够被吸收沉积为瘦肉的氮尚不足 3kg，剩余 5~6kg（约占饲料总量的 50%~70%）的氮均以粪尿的形式被排泄到体外。若粪便不经处理，则其中一部分氮挥发到大气中增加了大气的氮含量，累积到一定程度，成为造成酸雨的重要因素，最终危及农作物；其余大部分则被氧化成硝酸盐随地表水流入江河或渗入地下水。

磷是生猪生长所必需的矿物质，但生长饲料中大部分磷会随猪只粪便排出，若处理不当，磷仍然会对农田或者水源造成磷污染。另外，饲料中的一些抗营养成分，会造成氮和磷的综合污染。

1.2.6.3　重金属污染

A　粪尿中重金属特点

重金属是指密度大于 5 的金属，约有 45 种，包括铅（Pb）、镉（Cd）、汞（Hg）、铬（Cr）、铜（Cu）、锌（Zn）、镍（Ni）等。猪粪中 Cu、Zn、Mn、Ni 的平均含量均较高，其中 Cu、Zn 最为明显，其中以猪粪中的铜、锌超标较为常见。有研究表明，不同种类猪的粪便中 Cu 的平均含量为断奶仔猪>育肥猪>母猪，与饲料中 Cu 含量具有较高的相关性。

B　粪尿中重金属来源

生猪粪便中重金属污染的来源主要有两个方面，一是饲料中过量添加铜、锌、砷、镉等微量元素；二是铜、锌、砷、镉等微量元素生物效价太低，导致粪便中重金属元素含量增加。随着饲料工业的发展，饲料添加剂中含有一定剂量的铜、砷、汞、硒等重金属元素，加之高铜可提高仔猪、生长猪和肥育猪日增重，促进猪肉中氨基酸含量增加，高锌可以促进仔猪的生长，部分饲料厂和养殖场为了追求利益，在饲料中添加大量铜、锌、砷等微量元素。据预测，一个万头猪场按美国 FDA 允许使用的砷制剂剂量推算，若连续使用含砷饲料，5~8 年后将可能向猪场周边排入 1t 砷，16 年后土壤中砷含量可翻一番。

C　对土壤的污染

重金属在一定时期内不表现出对土壤环境的危害，但长期施用含有大量重金属的猪粪肥，则会有导致土壤重金属含量增加的风险。特别是当土壤中重金属的含量超出土壤的承受能量时，则可能会引起土重金属活化，引起较为严重的生态环境污染。一般情况下，重金属首先会改变土壤中微生物的生存环境，危害微生物生长，造成微生物数量逐渐降低，种类逐渐减少，直至全部灭绝，从而改变土壤质量环境。已有研究表明，大量施用含高 Cu、Zn 的猪粪，可能会使土壤中有效态 Cu、Zn 的浓度升高达到对植物毒害的水平，使蔬菜根系生长受到抑制。

D　对水环境的污染

一方面由于生猪粪便中含有大量的未经消化的有机质，施入土壤可以增加土壤中有机质特别是可溶性有机碳的含量，而可溶性有机碳又很容易和重金属形成可溶性金属络合物，当可溶性金属络合物的含量过多时，则存在可溶性金属络合物通过淋失而污染地下水的风险。另一方面过量施用重金属含量高的粪便会增加重金属在土壤中的淋溶，所以进行农业灌溉或经雨水淋洗，土壤中的重金属极易进入地表水或地下水，对水环境造成污染。

E　对植物生长的危害

一方面重金属具有破坏部分植物组织和功能的作用，一旦植物遭到重金属破坏则会引起农作物的产量和品质下降。有研究显示土壤中镉含量过高会破坏植物叶片的叶绿素结构并最终导致植物衰亡；土壤中铜、锌含量超过一定限度时，作物根部会受到严重损害，使植物对水分和养分的吸收受到影响，从而导致植物生长不良甚至死亡。

1.2.6.4　微生物污染

猪只粪便中的微生物很多，存在于大肠中的微生物在粪中几乎都能找到，除有益微生物群外，还含有许多病原微生物，常见的病原微生物包括猪霍乱沙门氏菌、猪伤寒沙门氏菌、猪巴氏杆菌、绿脓杆菌、李氏杆菌、猪丹毒杆菌、猪瘟病毒、猪水泡病毒等，通常病原微生物在较长时间内可以维持其感染性，这些有害病菌，如果得不到妥善处理，不仅会直接对周边猪只产生影响，还可能会严重危害人体健康。有关资料表明，在1g猪场的粪污水中，含有83万个大肠杆菌，69万个肠球菌，还含有寄生虫卵、活性较强的沙门氏菌等。其仔猪黄、自痢、传染性胃肠炎、支原体及猪蛔虫病的发病率可高达50%以上。此外寄生于猪只消化道和与消化道相连脏器中的寄生虫及虫卵等也通常和粪便一同排出，部分呼吸道寄生虫也可出现在粪便中。

1.2.6.5　抗生素污染

在畜禽养殖过程中，为了防治畜禽的多发性疾病，多在饲料中添加抗生素，部分未消化、吸收完的抗生素随饲喂动物消化道排出，大多数的抗菌素经肾脏的过滤，随尿液排出体外，极少量没排出的抗生素就残留在动物体内。因此粪便中的激素含量主要取决于抗生素药物或添加剂的使用量及机体的代谢状况，一旦生猪饲养中滥用抗生素，大量的抗生素通过排泄物进入环境中，有引起病菌耐药性的风险，会对人畜健康和生态环境造成严重的危害。目前中国已有17种抗生素、抗氧化剂和激素类药物和11种抗菌剂作为饲料添加剂用于饲喂畜禽。

1.2.6.6　其他污染

生猪养殖场中因疫病或事故而死亡以及因实验解剖所遗留下来的畜禽尸体、母猪产子所遗留下来的死胚和胎衣、饲料加工厂产生的粉尘、畜产品加工厂产生的污水和废弃物以及因燃烧废弃物和畜禽尸体所散布出来的烟尘等都可对周围环境造成严重的污染。畜禽饲喂中垫料，饲料残渣及粪便等会滋长各种微生物，粉尘是微生物的载体，并吸附大量臭气。同时微生物不断分解粉尘、有机质而产生臭气，引诱苍蝇、蚊虫等，使空气恶浊。废弃物污染详见表1-16。

表1-16　生猪养殖对环境的潜在危害

危害类型	影响因素	潜在危害后果
有害气体污染	NH_3、H_2S、CH_4、CO_2等	产生恶臭，产生温室效应，影响猪只和人体健康
氮、磷污染	氮、磷等	引起水体富营养化、污染地下水
重金属污染	钙、铜、锰、锌等	污染土壤与地表水
微生物污染	砷、汞、铬等	污染土壤与地表水
抗生素污染	兽药、饲料抗生素	损害人体健康
其他污染	死胚和胎衣、饲料加工厂产生的粉尘等	臭气、苍蝇、蚊虫等

1.3　国外猪场废弃物处理概况

养猪场产生的废弃物从形态上分为固体（猪粪）和液体（猪尿和污水）。其中以猪粪为主的固体部分收集、运输和后期处理相对比较容易；但猪场产生的污水利用与处理则存在着困难，如何减少养猪污水产生量、如何有效处理或利用养殖污水，成为规模化养殖场污染治理中的热点与难点问题。

1.3.1　国外概况

1.3.1.1　完善的法律法规

丹麦执行欧盟共同农业政策（CAP）和良好农业规范（GAP）等相关法律、法规出台畜禽粪污管理条例，其中规定了粪肥的储存时间、方式，要求所有养殖场必须满足"和谐原则"。丹麦是欧盟第一次实行"生态税收"改革的国家，立法规定了土地载畜量，以维持动物排泄与土地消纳的平衡。

法国执行欧盟《硝酸盐指令》，要求硝酸盐必须在适当的时间、合适的地点排放适当的量，硝酸盐肥料的最大施用量为 170kg/（公顷·年）。法国将欧盟《饮用水指令》中关于饮用水权和卫生设施权的规定，欧盟《水框架指令》中关于硝酸盐在农业上的排放规定，欧盟《工业排放指令》中关于畜禽养殖的规定，均写入本国法律，在《卫生条例》和《环境法典》，对于畜禽粪便的定性、使用及市场投放都有相应的管理措施。

瑞典 1980 年针对粪便的存储和流转提出立法，1995 年加入欧盟执行欧盟《硝酸盐指令》，1997 年出台了《瑞典环境质量目标——可持续环境政策》；2010 年出台了《环境和气候问题政策——瑞典发展合作（2010~2014）》规定了瑞典五年内关于环境和气候问题发展合作的总目标和基本出发点，以及具体到各个绿色发展领域的职责分工。

美国在国家总的法律条文中对粪污管理进行了概括性描述，在各州一级的环境立法中进行制度化，在下一级的地方政府法律法规条文中进行细化，构成了控制畜禽粪污控制的三级管理框架。如美国国会于 1972 年颁布净水法案，法案将畜禽养殖场列入污染物排放源，规定未经国家环保局批准任何企业不能向任一水域排放任何污染物。美国《联邦水污染法》中规定 1000 标准头（2500 头体重25kg 以上的猪）或超过 1000 标准头以上的猪场，必须得到许可才能建场，1000标准头以下，300 标准头以上的猪场其污水无论排入贮粪池还是排入水体均需得到许可。

英国在畜牧污染治理方面起到了很好的作用。首先英国制定了《环境保护法》（1990 年）《环境法》（1995 年）等约束畜禽养殖业环境行为的总法。其次政府还制定了《水法》（1989 年）《水资源法》（1991 年）《苏格兰污染防治法》

（1974）等单项法律，在法律中明确了畜禽养殖业环境污染的条款。第三，英国还制定了《青贮饲料》《粪便与农业燃油》等针对农业和畜牧业管理的专项法规，细化和完善了国家对环境管理的法律体现。

1.3.1.2 精细的管理要求

丹麦在畜禽养殖粪污资源化管理中要求每公顷土地饲养 1.4 个动物单位（1 个动物单位相当于每年产出 100kg 氮的某重量级别的一定数量动物，相当于 1 头奶牛、或 3 头种猪、或 30 头生猪或 2500 只肉鸡），即每公顷土地每年施用的氮肥中氮的总量不能超过 140kg。每个农场饲养家畜的数量不得超过 500 个单位，但一般农场在达到 250 个单位时，相关部门和机构就对其环境效应进行评估，根据评估结果再决定是否同意其扩大规模。当难以达到耕作面积与粪肥平衡标准时，养殖户会出售多余的粪肥给其他种植户。目前，在丹麦，大约 80% 的有机农场和 70% 的有机奶牛场建立了粪肥交易合作伙伴关系。

法国规定，农田消纳粪污量按氮的指标来计算，每公顷土地允许排放 140 ~ 150kg 的氮，每公顷土地允许饲养 4 ~ 5 头肥猪，100 公顷土地允许饲养 500 头肥猪。

瑞典每四年对氮污染敏感区域进行一次审查，通过更新敏感区域，更好地匹配农业营养负荷高的地区。农场的粪便储存空间要足够大，至少需要满足 6 个月的存储要求，且存储设施必须进行防渗处理，严防粪便下渗，污染土壤，并加盖除臭，保护大气。对畜禽粪污还田要求进行详细规定，防止粪便营养流失、污染自然水体。要求秋季、冬季对 60% 的耕地覆盖绿色植被，而在南部的其余地区，要求绿色覆盖率达到 50%，以防止养分损失。2002 年要求每年每公顷土地上不能施用含全氮超过 170kg 的粪便，或含磷元素超过 22kg 的粪便，并规定每年 9 月份至第二年 2 月份，不允许粪便还田。

英国要求母猪在 400 头以上的规模猪场必须进行环境影响评价，必须将环评报告书和建设申请书同时申报审批。在粪污处理后还田利用方面，规定畜禽粪便中总氮的最大施用量为每年 $250kg/hm^2$，建议的粪便废水的最大施用量为 $50m^3/hm^2$，且每 3 周不超过一次，收获后在冬季闲置的农用地不得使用粪肥。

1.3.1.3 适用的技术模式

在丹麦，每个养殖场基本上都配备了一套粪污处理设施，包括沉淀池、曝气池、抽送和搅拌设备、液体肥施肥车和固体肥抛肥车。丹麦除了推广配套的施肥设备，还大力推广精准粪肥施用技术。根据丹麦的法律法规、当地的土壤养分含量和多年的施肥数据，该公司不断更新精准施肥技术，生产专用施肥罐车，在推广设备的同时，积极与农场主沟通，核算粪污肥效，帮助农场主精准施肥，成为丹麦粪污管理的重要组成部分。丹麦仅允许每年 2~5 月份进行粪浆还田，故需修建能储存 9 个月以上粪浆的粪浆池。粪浆储存期间，需在粪浆池上覆盖 15~20cm 的秸秆，防止臭气及挥发性气体的排放，该措施能减少 80% 的臭气扩散。在丹麦近 10% 的粪便由集中式沼气池站进行处理，近 20% 的畜禽养殖户参与到沼气生产中。大多数沼气被用于发电，产生的余热则输送给当地集中供热厂使用，使能效利用达到最高。粪污发酵产生的沼气是一种清洁气体，1 头奶牛或 61 头猪（30~102kg）的粪便所产生的沼气可以满足一个人的全部用电和 25% 的供热需求。

　　法国粪污处理技术主要有固液分离、堆肥利用以及沼气能源化技术等。这些技术可以单独使用，也可以组合使用。法国 90% 左右的养殖场采用粪污分离技术，分离的固体用作有机肥或牛床垫料等，液体至少储存 2 个月后还田利用。10% 养殖场通过建造大型沼气池发酵设施，将粪污用于沼气发电。法国畜禽粪污固体分离技术分为：格网、栏条或平板进行固液分离，干湿分离机分离、筛子震动分离、滚压机分离等，养殖场可以根据自身的需求，选择不同的固液分离技术。法国猪场通常采用 1/3 的漏粪水泥地板，经过特殊角度设计的水泥平台结合刮粪板，可以更有效的分离尿液与粪便，这一设计可以得到含水量为 70% 的鲜粪。鲜粪一部分用于沼气工程，另一部分经过高温脱水成干粪，送去配方厂进行养分添加和造粒，形成上百种适合不同作物生长的有机肥；沼渣进行氨吹脱，而后经过硫酸铵制成液体浓缩肥料；沼液在通过先进技术处理后实现水资源清洁利用，如用于附件产业链接的肉联厂、加工厂的生产中。

1.3.1.4　有效的鼓励政策

2000~2012 年，丹麦政府对沼气工程建设给予 20% 补贴，沼气作为可再生能源，其收益免国税；沼气发电上网电价为 10 欧分每千瓦时；对粪便处理利用规定严格，收取粪便及废弃物处理费。英国和丹麦分别承担农民建造贮粪设施建设费用的 50% 和 40%；日本在每年的地方财政年度预算中，拨出一定的款额来防治畜禽粪便污染，养殖场环保处理设施建设费的 50% 由国家财政补贴，25% 由政府解决。荷兰政府对粪便运输距离给予不同的运输补贴，对距离 50km 以上的运输，根据运输距离给予金额不等的运输补贴，荷兰政府从 1998 年起，一直实行对饲料生产厂高征税，税款用于弥补畜牧环境资金的不足，并由国家补贴建立粪肥加工厂，瑞典通过提高化肥价格，以刺激农场主利用畜禽粪便作为有机肥的积极性。

1.3.2　国内概况

　　畜禽养殖场在养殖粪污治理工作上应坚持农牧结合、种养平衡，按照资源化、减量化、无害化的原则，对源头减量、过程控制和末端利用各环节进行全程管理，提高粪污综合利用率和设施装备配套率，减少畜禽养殖与环境污染的矛盾，实现畜禽养殖与生态环境两者间的协调可持续发展。

1.3.2.1 政策体系

从 2001 年开始，国家围绕废弃物的管理、防治等出台发布了一系列相关政策。2014 年的《畜禽规模养殖污染防治条例》是中国农村和农业环保领域第一部国家级行政法规，是农业农村环保制度建设的里程碑。条例的实施，标志着畜禽养殖污染控制的政策目标从单纯的污染控制目标向促进畜禽养殖业健康发展、推动化肥减量使用、实现种植与养殖业可持续发展等综合目标方向转变。2015 年国家和相关部委又接连出台了《全国"十三五"现代农业发展规划》《全国农业可持续发展规划（2015~2030）》《水污染防治行动计划》《关于推进农业废弃物资源化利用试点的方案》《关于打好农业面源污染防治攻坚战的实施意见》《关于促进南方水网地区生猪养殖布局调整优化的指导意见》《国务院办公厅关于加快推进畜禽养殖废弃物资源化利用的意见》《畜禽养殖禁养区划定技术指南》。

关于畜禽粪污资源化利用，2017 年国务院印发《国务院办公厅关于加快推进畜禽养殖废弃物资源化利用的意见》国办发〔2017〕48 号，随后原农业部制定了《畜禽粪污资源化利用行动方案 2017~2020 年》，主要目标是到 2020 年，建立科学规范、权责清晰、约束有力的畜禽养殖废弃物资源化利用制度，构建种养循环发展机制，全国畜禽粪污综合利用率达到 75% 以上，规模养殖场粪污处理设施装备配套率达到 95% 以上。2018 年将加快推进粪污资源化利用，扩大整县推进的范围。通过推进畜禽粪污资源化利用，将进一步优化生猪生产区域布局。以地定畜、以种定养；宜减则减，宜增则增。其中约束发展区将逐步调减转移，潜力增长区和适度发展区将作为重点承接区。养殖场作为主体责任，必须要建设粪污处理利用配套设施，已建设的场要对现有基础设施进行改造升级，2020 年完成粪污资源化利用目标。上述规划、意见和技术指南，围绕畜禽养殖污染的源头减量、过程控制、资源化利用等环节，初步构成了较为系统的我国畜禽养殖污染防治政策体系，对有效解决畜禽养殖污染问题提供了政策支撑与路径。

对于征收环保税。2018 年 1 月 1 日正式征收环保税。存栏 500 头以上的生猪养殖场需要缴纳，环保税的税目方面包括大气污染物、水污染物、固体废物和噪声四类，养猪场需要缴纳的税收只涉及水污染物和固体废物。其中，水污染物税额为每污染当量 1.4~14 元；固体废物按不同种类，税额为 5~1000 元/t。各省根据自身情况确定了明确的征收标准。养殖场可以从当地环保和税务部门了解到具体征收标准。环保税按月计算，按季征收。满足以下两个条件的养殖场，都可以获得相当一部分环保税的减收。固体废弃物方面，符合国家和地方环境保护标准的设施、场所贮存或者处置固体废物不属于直接向环境排放污染物，不缴纳环境保护税。水污染物方面，应税水污染物的浓度值低于排放标准30%的，减按75%征收环境保护税；低于排放标准50%的，减按50%征收环境保护税。不设排污口的将不纳税。

对于饲料中部分添加剂减量。2018年饲料中要降低铜锌添加量。其中，仔猪饲料铜上限由200mg/kg降至125mg/kg；仔猪和母猪饲料锌上限为150mg/kg。将仔猪饲养阶段的添加期从之前的30kg以内调整为25kg以内。养殖户要加强饲养管理，应对饲料中锌铜减量。

关于消费转型升级。目前猪肉，特别是普通猪肉消费有逐步下降的趋势，消费者转向更高档的牛羊肉或者风味更好的土猪肉。因此，养猪户要根据市场变化适时优化产品结构，提供更优质的猪肉，满足消费需求。

1.3.2.2 存在问题

虽然畜禽养殖废弃物的治理得到各级领导和政府的关注，并取得显著成效，但与发达国家相比，中国废弃物治理方面起步较晚，仍还面临诸多问题。

A　布局不合理

近十年为了解决城市居民的肉、蛋、奶问题和抓好"菜篮子"工程，各级政府高度重视畜禽养殖业的发展，产业的发展与支持产业发展的资源结合并不紧密，更多的是作为农民增收和保供的角度在发展生猪为主的畜牧业，发展产业的同时对资源和环境的承载能力关注较少，产业布局不尽科学。此外随着全国各地城市规模的不断扩大以及国家对生态环境的不断关注，全国各地的饮用水水源保护区（包括饮用水水源一级保护区和二级保护区的陆域范围），执行Ⅰ类、Ⅱ类水质标准的水域及其200m内的陆域，自然保护区（包括国家级和地方级自然保护区的核心区和缓冲区），风景名胜区（包括国家级和省级风景名胜区以国务院及省级人民政府批准公布的名单为准），森林公园（包括重要景点和核心景区），城镇居民区和文化教育科学研究区以及依照法律法规规定的其他禁止建设养殖场的区域被划为畜禽禁养区，城市规划区及规划区以外的居民集中区、医疗区、文教科研区、工业区，饮用水水源准保护区，执行Ⅲ类水质标准的水域及其200m内的陆域，自然保护区的实验区、风景名胜区外围保护地带、森林公园重要景点和核心景区以外的其他区域被确定为限养区。养殖区域的划分主要以生态环保为出发点，在生猪产业发展的科学布局方面考虑不足，从产业发展来看，部分非禁止养殖区生猪养殖资源（土地、水源、饲料原料）却相对匮乏。

另外，由于规划不合理，区域内粪污肥料化利用受阻。肥料化利用是当前养殖粪污处理的主要方式，粪污肥料化利用的前提是"种养平衡"，确保养殖场养殖规模与消纳土地匹配。种养是否平衡一般通过耕地畜禽承载量进行评价。

耕地畜禽承载量计算方法：

$$L_R = O_R / S$$

式中　L_R——耕地畜禽实际承载量，生猪当量/hm^2；

　　　O_R——生猪当量养殖数量，头；

　　　S——耕地面积，hm^2。

标准生猪当量折算方法：根据中国农业科学院农业环境与可持续发展研究所和环境保护部南京环境科学研究所编写的我国第一次全国污染源普查畜禽养殖业产排污系数手册，按主要畜禽产氮量系数折算见表1-17。

表1-17　畜禽污染物产污系数

畜禽品种	COD	总氮	氨氮	总磷	备注
猪/kg	36	3.7	1.8	0.56	出栏量
奶牛/kg·a^{-1}	2131	105.8	2.85	16.73	存栏量
肉牛/kg	1782	70.8	2.52	8.96	出栏量
蛋鸡/kg·a^{-1}	7.18	0.5	0.12	0.12	存栏量
肉鸡/kg	2.92	0.06	0.02	0.02	出栏量

通过查阅2016年《中国畜牧业年鉴》和《中国国家统计年鉴》，2015年中国农作物播种面积为166374000hm^2，2015年年末折算生猪当量养殖量为308305万头，中国现有耕地畜禽承载量平均为19头/hm^2。同时对中国各省地区之间的畜禽承载量进行了统计分析。根据意大利、英国、美国等国家规定每公顷年最大负荷在250kg左右，中国以生猪养殖为主，根据生猪当量产氮量系数折算，每公顷最多容纳粪便含量为68头生猪所产粪污。北京、青海的现有耕地畜禽承载量分别为69、56头/hm^2，接近最大承载值，全国其他各省地区耕地畜禽承载量基本在20头/hm^{2}左右，从这一数据可知中国现有耕地畜禽承载量远低于最大容纳量，只要布局合理，完全可通过肥料化利用方式消纳养殖粪污。

粪污肥料化利用受施用成本的影响，根据李汪晟等人核算采用车辆运输方式粪污肥料化利用的经济运输距离为3.6km，而中国实际家庭联产承包责任制的土地政策，畜牧业脱离种植业而独立发展，在实际调研中，部分养殖场没有配套粪污消纳的土地，区域内种养平衡无法实现，导致粪污肥料化利用受阻。合理规划，根据耕地消纳能力合理确定养殖量、优化养殖产业布局是解决养殖污染的基础。

B　未形成因地制宜的区域粪污资源化利用典型模式

养殖污染防治起步较晚，加之养殖从业人员综合素质较低，对养殖污染治理技术缺乏基本了解，盲目选择粪污治理模式，导致设施运行费用高、处理效果差等一系列问题。根据"十二五"污染物总量减排考核认定情况，出栏量万头以上的大型生猪规模化养殖场共计 3410 家，粪污储存农用的共计 732 家，所占比例高达 21.5%，大型规模化养殖场粪污集中，需要消纳的地多，粪污施用运输距离远，部分养殖场为节约成本，存在靠近养殖场周边的土地过量施用或直排，污染周围水域和地下水，并可能导致土壤硝酸盐、磷及重金属的累计问题。中国东北平原区年均气温低、污水采用生化处理建设成本高、运行维护难度大，但从统计结果看东北地区有 4% 左右的养殖场采用污水达标排放模式，通过调查发现，该地区采用达标排放模式的养殖场，大部分设施不能正常运行。综上所述畜禽养殖粪污的资源化利用方式不应一刀切进行选择，应根据地区自然特征、农业生产方式、经济发展水平，因地制宜地选择适合的模式，通过典型示范，形成具有区域特点的养殖粪污资源化利用的典型模式。

C　养殖清洁生产严重不足

根据对 2015 年环境统计数据分析可知，中国 2015 年规模化养殖场共计 138827 家，其中 38401 家采用水冲粪的清粪方式，占比达到 27.67%，水冲粪工艺用水量大，不仅造成水资源浪费，而且因污水产生量大，产生污水中污染物浓度高，处理和利用难度大、成本高。刘永丰等人在清粪方式对养猪废水中污染物迁移转化的影响中研究表明，水冲粪工艺进入水体的 COD、总氮、总磷、氨氮的负荷量分别是干清粪工艺的 15.5 倍、5.7 倍、9.5 倍、11.5 倍。调研发现，在南方水网地区采用干清粪工艺的养殖场，30% 左右存在用水量严重偏高，超量用水现象普遍，同时对该地区的规模化生猪养殖场的饮水设备进行抽样调查分析，采用鸭嘴式和乳头式饮水器的占比高达 81%，该类饮水器一方面造成大量的水资源浪费，增加污水产生量，后期处理难度偏大；另一方面溢流的水造成圈舍潮湿，易滋生细菌，进而导致生猪免疫力变低。严格执行清洁生产要求，从源头减量着手，养殖企业必须逐步实行干清粪代替水冲粪的清粪方式、改造安装节能饮水器，采用科学饲养方法减少污染物产生量，加强养殖人员环保意识的培养。

D　政策法规落实不到位

2001 年以前国家畜禽养殖业环境管理方面重视不够，没有制定专门法律法规。尽管近几年中央和部委密集出台了一些政策规定，但由于政策、资金、技术以及体质机制等方面原因，政策、法规的执行情况还不尽如人意，在有的地方较为滞后。此外在政策制定上各级农业部门都将畜牧业发展作为农村产业结构调整、实现农业增长的重点内容加以推行，但在畜禽养殖仍然受到生态红线、耕地红线的限制，造成种养脱节的政策因素尚未完全解决。在具体执行中农业部门对促进包括畜禽养殖在内的农业发展的职能非常明确，而环保部门对环境管理却缺乏相应的职能和手段。所以多年来畜禽养殖业的环境管理基本上处于放任自流状态。

E 行业管理标准缺乏

中国地广，经济发展不平衡，生猪养殖模式参差不齐，各种养殖模式层出不穷，虽然国家出台了不少的养殖标准、粪污处理利用标准、设施建设标准，但大多都是原则性的，具体的实施性和可操作性不强，与发达国家相比，许多内容还尚未涉及，造成目前生猪粪污资源化利用方面存在诸多问题。

1.3.2.3 处理处置技术要求

对生猪养殖场废弃物处理处置的技术要求包括：

（1）养殖生产流程和设施设计合理，养殖圈舍及生产设施做到雨水与污水分离，鼓励采取干清粪，从源头减少污水产生量。

（2）养殖场建设的干粪场、污水池等粪污处理设施要与生产规模配套，并确保正常运行。

（3）养殖粪污不能直排，畜禽粪便还田用作农作物肥料的，须经无害化处理后再还田，同时粪肥使用量不能超过作物当年生长所需的养分量，防止造成农业面源污染。

（4）堆粪场地面要硬化、四周要建有一定高度的边墙、顶部需有雨棚，以满足防渗、防雨等要求。堆粪场（猪场）容积按以下标准建设：

$$不小于0.002m^3×周期(d)×存栏量(头)$$

其他畜禽按折算比例折算成猪的存栏量计算。

（5）养殖污水通过污水池、沉淀池等形式收集、进行无害化处理的，污水池、沉淀池建设采取混凝土构造模式较好，能够减少渗漏，同时，要加盖板以防雨水。容积按以下标准建设：

$$不小于单位畜禽日粪污产生量(m^3)×贮存周期(d)×存栏量(头)$$

单位畜禽粪污日产生量推荐值为：生猪 $0.01m^3$，奶牛 $0.045m^3$，肉牛 $0.017m^3$，家禽 $0.0002m^3$，具体可根据养殖场实际情况核定。采用异位发酵床工艺处理的，每头存栏生猪粪污暂存池容积不小于 $0.2m^3$，发酵床建设面积不小于 $0.2m^2$，并有防渗防雨功能，配套搅拌设施。

2 固体粪污处理与资源化

2.1 固体粪污的收集

2.1.1 收集方式选择

清粪是生猪养殖过程中的重要环节，不仅有助于保持猪舍内环境清洁，还有助于减少疾病发生。因此，生猪养殖过程中要采取适当的清粪方式，及时清理出畜禽舍内的粪便，以便于后期的无害化处理。首先，清粪方式应与粪污后期处理环节相互参照，清粪只是粪污管理过程的一个环节，它必须与粪污管理过程的其他环节相连接形成完整的管理系统，才能实现粪污的有效管理。其次，选择清粪方式还应综合考虑畜禽种类、饲养方式、劳动成本、养殖场经济状况等多方面因素。由于畜禽种类不同，其生物习性和生产工艺不同，对清粪方式的选择也有影响。

2.1.2 主要清粪工艺

2.1.2.1 清粪方式

目前生猪规模养殖场主要清粪方式有水冲粪、干清粪、水泡粪、垫料清粪等清粪方式，其中生猪规模养殖场以机械干清粪、水泡粪和发酵床清粪为主，非规模养殖场以水冲粪和人工干清粪的方式较为常见。

A 水冲粪

这种猪粪污的收集方式是 20 世纪末从欧美国家引进的，当时算是比较先进的猪粪收集方式。该方式能及时、有效地清除畜舍内的粪便、尿液，保持畜舍的环境卫生，减少粪污清理过程中的劳动力投入，提高养殖场的自动化管理水平，夏季还有较好的降温效果。此方式有两种模式：一种方法是粪尿污水混合进入缝隙地板下的粪沟，每天数次从沟端的水喷头放水冲洗，粪水顺粪沟流入粪便主干沟；第二种为改良后的模式，即建造猪舍时，猪舍地面建设一定的坡度，粪沟设在坡面的最低处，清理猪舍粪便时，直接用水冲洗猪舍地面，猪的粪尿随冲洗水直接进入排粪沟流走。其优点是可保持猪舍内环境的清洁，劳动强度较小，劳动效率较高，缺点在于耗水量大，据测算一个万头猪场采用水冲粪方式每天需要消耗大约 250m³ 的水资源。此外用水冲粪造成最终需处理的污染物的浓度较高，会增加后端污染处理的难度。

B　干清粪

干清粪方式能够及时、有效地清除猪舍内的粪便、尿液，保持畜舍的环境卫生，减少粪污清理过程中的用水、用电，保持固体粪便的营养物，提高有机肥肥效，降低后续粪尿处理的成本。该方式的粪污收集方式为：粪便一经产生便分流，干粪由机械或人工收集、清扫、运走，尿液及冲洗水则从固有的下水道流出，分别进行收集处理。

干清粪包括人工干清粪和机械清粪。人工干清粪是采用人工方式从猪舍地面收集全部或大部分的固体粪便，地面残余粪尿用少量水冲洗，从而使固体和液体废弃物分离的粪便清理方式。粪尿一经产生便分流，干粪由人工收集、清扫、运走，尿及冲洗水则从下水道流出，进行分类收集。猪场干清粪的优点是冲洗用水较少，水资源消耗少，最终污水中有机物含量较低，有利于污水后处理工艺及设备，降低后处理成本，此外干清粪最大程度保有了固体粪便的营养物质，有利于粪便的资源利用。

机械清粪方式是利用专用的机械设备如刮粪板，替代人工清理出畜禽舍地面的固体粪便，机械设备直接将收集的固体粪便运输至畜禽舍外，或直接运输至粪便贮存设施；地面残余粪尿同样用少量水冲洗，污水通过粪沟排入舍外贮粪池。机械干清粪工艺的主要目的是节省人力，提高工作效率，相对于人工清粪而言，机械清粪的优点是快速便捷、节省劳动力、提高工作效率，不会造成舍内走道粪便污染。缺点是一次性投资较大，还要花费一定的运行和维护费用，器件沾满粪便，维修困难，清粪机工作时有噪声，对猪只生长有影响。虽然清粪设备在目前使用过程中仍存在一定的问题，但机械清粪是现代生猪规模化养殖发展的必然趋势。

总体来看，猪场干清粪的优点在于冲洗用水较少，减少水资源消耗，污水中有机物含量较低，有利于后期处理及成本控制。

C　水泡粪

水泡粪是在猪舍内的排粪沟中注入一定量的水，粪尿、通过猪舍中铺置的楼缝地板进入粪沟中，储存一定时间后（一般为1~2月，也有的养猪场为3个月或者更长的时间），待粪沟装满或者该圈舍的猪出栏后，打开猪舍地下粪沟的阀门，将粪沟中的粪水排出。混合了干粪便的粪水通过粪沟导入主干沟，进入地下储粪池或抽排到设置的储粪池。水泡粪清粪的优点是比水冲粪工艺节省用水和节省人力，且不受气候的影响。其缺点在于一方面粪便长时间在猪舍中停留，容易形成厌氧发酵，产生大量有害气体，对圈舍内空气会产生不良影响，当有害气体达到一定浓度，会危害猪只和饲养管理人员健康。另一方面混合后的污染物的浓度更高，几乎无法再进行有效的固液分离，后期处理难度更大，处理成本更高。

此外，水泡粪的设施建设要求较高，对于容易产生沉降的地区，地下粪沟若建设强度不够容易产生漏缝，会对地下水造成污染，不易治理。

D　发酵床清粪

发酵床是指由生物菌种、垫料构成的一种床垫，生猪在该床垫上生活，其排出的粪污直接由垫料收集，粪污在垫床中微生物的作用下，迅速地将粪尿转化成糖类、蛋白质、有机酸、维生素等物质。其优点是相对节省劳力，节约水和能源，管理较好的垫料在使用一段时间后（1~3年），可作为生物有机肥直接施用于果树、农作物等，达到循环利用的效果。其缺点是发酵床内不能使用化学消毒药品和抗生素类药物，存在大范围使用时垫料成本高、重金属含量易超标等隐患。

2.1.2.2　清粪设施设备

A　简易清粪工具

人工清粪只需要一些简单的清扫工具以及手推粪车等简单的设备。人工清粪通用的工具为铁锹、铲板、扫帚以及其他手工工具，猪舍内的固体粪污通过人工清扫后，使用粪铲将其收集到手推粪车内，由手推粪车将其运输到舍外的储粪池中占存。

B　压力冲洗机

压力冲洗机利用高压水对坚硬、干涸或黏结的粪污进行高压冲洗，快速的清理猪舍内的粪污，此外部分冲洗机还具有加热和产生蒸汽的功能，可加速清洗猪舍内的粪污。

C　刮粪板

猪场刮粪板主要包括链式刮粪板和往复式刮粪板，两者均通过电力带动刮板沿纵向粪沟将固体粪污刮到横向粪沟中，然后在挂到猪舍外。链式刮粪板由链刮板、驱动装置、导向轮和张紧装置等组成，一般安装在猪舍的敞开式的粪沟中，工作时装在链节上的刮板便将粪便刮到猪舍一端的小集粪坑内，然后再由螺旋推进器将固体粪便提升装入运粪车。往复式刮粪设备，该设备由带刮粪板的滑架、驱动装置、导向轮和刮板等组成，通常往复式刮粪板都安装在敞开式的粪沟或者漏缝地板下面的粪沟中，粪沟的断面形状及尺寸要与滑架及刮板向对应，通常粪沟的大小为宽 1.0~1.8m，深度为 0.3~0.4m。刮板板设备安装在粪沟中，清粪时，刮板作直线往复运动，进行刮粪。刮板板清粪的优点是机械操作相对简单，工作安全可靠效率较高。缺点是刮板运行时会有一定的噪声，有可能会对猪舍内猪只的生长产生一定的影响，此外刮粪板的链条或钢丝长期与粪污接触，容易被腐蚀而断裂，维修有一定不便。机械刮粪板如图 2-1、图 2-2 所示。

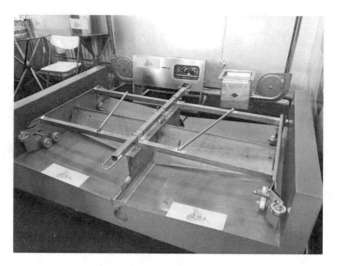

图 2-1 V 形刮粪板

图 2-2 平行刮粪板

D 水泡粪设备

根据原理的不同，水泡粪清粪方式主要涉及截流阀式和沉淀闸门式两种相关设施设备。

截流阀式是在粪沟末端连接舍外的排污管道上安装一个截流阀，平时截流阀将排污口封死。猪粪在冲洗水及饮用水、漏水等条件下稀释粪液。在达到排放条件要求时，将截流阀打开，液态的粪便便通过排污管道排入猪舍外的主粪沟中。

沉淀闸门式是在纵向粪沟的末端与横向粪沟连接处设置有闸门，闸门严密关闭时，打开放水阀向粪沟内注水，注水高度约为 50mm。猪舍内的猪只排出的粪便通过漏缝地板落入粪沟中，达到要求的排放条件时打开闸门，同时注水冲洗，粪沟中的粪液便经横向粪沟流向主排粪沟。

E　漏缝地板

规模猪场漏缝地板通常由混凝土、钢材和塑料等材质建造。其中混凝土漏缝地板最耐用，尤其适用于能繁母猪等猪舍适用，便于清洗，钢质漏缝地板适用于仔猪和保育猪，因其易腐蚀，其适用年限通常为 4 年左右。漏缝地板的漏缝宽度通常根据猪只的大小决定，常见的漏缝宽度见表 2-1。漏缝猪舍如图 2-3 所示。

表 2-1　不同猪群漏缝地板要求

猪群类别	公　猪	母　猪	哺乳仔猪	培育猪	生长猪	育肥猪
漏缝宽度/mm	25～30	22～25	9～10	10～13	15～18	18～20

注：在分娩栏中，仔猪可自由行走，因此为了保护仔猪，在母猪区的漏缝地板的漏缝宽度也应适合于哺乳仔猪。

图 2-3　漏缝地板

2.2　固体粪污的储存

2.2.1　选址与布局

生猪养殖场产生的固体畜禽粪便应设置专门的贮存设施，通常应要求设在生猪养殖场生产区及生活管理区常年主导风向的下风向或侧风向，与主要生产设施之间保持 100m 以上的距离，满足场内生物防疫要求。此外生猪粪便贮存设施位置必须距离地表水体400m以上，在满足猪养殖场总体布置及工艺要求的同时，尽量布置紧凑，方便施工和维护。在考虑当前固体粪便贮存设施修建的同时，不能将固体废弃物的贮存设施建在坡度较大、水患较多的低洼地方，应根据畜禽养殖场区的面积、规模以及远期规划选址建造地址，做好以后扩建的计划安排。

2.2.2 规模设计

通常猪场固体粪便储存设施其最小容积为贮存期内粪便产生总量何垫料体积的综合。采取农田利用时，畜禽粪便贮存设施最小容量不能小于当地农业生产使用间隔最长时期内养殖场粪便产生总量。固体粪便贮存设施的容积为贮存期内粪便的产生总量，其容积大小 $S(\mathrm{m}^3)$ 可计算为：

$$S = \frac{NQ_{\mathrm{w}}D}{\rho_{\mathrm{m}}}$$

式中 N——动物单位的数量（动物单位：每1000kg活体重为1个动物单位）；

Q_{w}——每动物单位的动物每日产生的粪便量，单位为千克每日，$\mathrm{kg/d}$；

D——贮存时间，具体贮存天数根据粪便后续处理工艺确定，单位为日，d；

ρ_{m}——粪便密度，单位为千克每立方米，$\mathrm{kg/m}^3$。

为保障在满足最小贮存体积条件下通常还会设置预留空间，一般在能够满足最小容量的前提下将深度或高度增加0.5m以上。

2.2.3 类型与形式

固体粪便贮存设施宜采用带有雨棚的"∏"形槽式堆粪池，地面向"∏"形槽的开口方向倾斜，坡度为1%，坡底设排污沟，污水排入污水贮存设施。地面为混凝土结构，通常地面应高出周围地面至少30cm，地面应进行防水、防渗处理，应能满足承受粪便运输车以及所存放粪便荷载的要求，通常其修建要求素土夯实，压实系数0.90，60mm的C15混凝土垫层，素水泥浆1道（内掺建筑胶），1:3水泥找平层20mm，四周及管根部位抹小八字角，0.7mm聚乙烯丙纶防水卷材，用1.3mm胶粘剂或1.5mm聚合物水泥基防水涂料，C20混凝土面层从门口处向地漏找1%泛水，最薄处不小于30mm，随打随抹平，地面防渗达到GB 50069中抗渗等级S6的要求。墙体不宜超1.5m，采用砖混或混凝土结构、水泥抹面，墙体厚度不少于240mm，墙体防渗达到GB 50069中抗渗等级S6的要求。粪便贮存设施应采取防雨（水）措施，顶部设置雨棚，雨棚下玄与设施地面净高不低于3.5m。猪场粪便储存场如图2-4所示。

图 2-4　储粪场

2.2.4　其他要求

设施周围应设置排雨水沟，防止雨水径流进入贮存设施内，排雨水沟不得与排污沟并流。

固体粪便贮存设施应设置周围应设施绿化隔离带，并设置明显标志和围栏等防护措施，保障人畜安全。

固体粪便贮存设施周围需科学设施臭气过滤或减少设施，及时处理粪便堆放过程中排放的臭气，防止对周边环境造成空气污染。

应定期对贮存设施进行安全监察，发现隐患及时处理解决，同时由于贮存过程中可能会存在可燃气体的排放，因此应制定执行相应的防火措施，其防火距离按 GBJ16 相关规定执行。

2.3　固体粪污的处理

2.3.1　处理概况

目前，较为常见的在生猪固体粪污的处理方法主要分为干燥处理、生物发酵法以及焚烧等三大类。干燥处理主要是利用能量对废弃物进行加热，从而减少粪便中的水分，达到除臭和灭菌的效果。生物发酵法是通过微生物利用粪便中的营养物质在适宜的温度、湿度、通气量和 pH 值等环境条件下，大量生长繁殖，降解粪便中的有机物，实现脱水、灭菌的目的。焚烧法主要是利用粪便有机物含量高的特点，借用垃圾焚烧技术，将其燃烧为灰渣，但在生猪养殖方面使用的范围很少。三类方法中，干燥处理主要用于家禽的固体粪便处理，焚烧处理主要用于其他废弃物，两种方法在生猪固体粪便处理上使用推广程度不高。对生猪养殖而言，最为常见的是生物发酵法，包括好氧发酵和厌氧发酵。生物发酵主要是依靠微生物，在有氧或无氧的条件下，微生物对废弃物中的有机物进行分解，使其稳定固化。三种方法的比较见表2-2。本书主要介绍生物发酵法。

表 2-2 猪场固体粪污常见处理方式

处理工艺	措施与环节	优缺点	利用方式
干燥	自然或机械干燥	投资小，耗能低、效率低，占地大、易污染	
好氧发酵处理	简易或机械堆肥场	效果较高、机械方式投资相对大	农家肥、有机肥还田
厌氧发酵处理	沼气池等	不同方式投资相对差异较大	沼渣沼肥还田

2.3.2 好氧堆肥技术

采用好氧发酵是目前使用较为普遍的生猪固废处理方式，其中，堆肥是最常见的废弃物好氧发酵方式，而高温好氧堆肥法则是目前最佳的固体粪污处理方法。

2.3.2.1 好氧堆肥的形式

生猪固粪好氧堆肥是一个好氧发酵的过程，氧气是其发酵过程中必不可少的因素，根据堆肥过程中供氧方法的不同以及是否有专用设备，通常又可将好氧堆肥分成以下四种方式：

A 条垛堆肥

条垛式是堆肥系统中最简单最古老的一种，也称为自然堆沤发酵堆肥，是一种处理固体粪便的传统的生物发酵法。它是在露天或棚架下将生猪固粪和堆肥辅料按照适当的比例进行均匀混合，将混匀的物料在猪场的堆肥场地上堆置成长条堆垛，通过定期对条垛进行翻堆实现供氧，从而实现固粪的腐熟。垛的断面可以是梯形、不规则四边形或三角形。条垛式堆肥的特点是通过定期翻堆来实现堆体中的有氧状态。条垛式堆肥一次发酵周期为1~3个月，由预处理、建堆、翻堆等工序组成，其技术要点如下。

a 预处理

对条垛式系统来说，场地很重要。场地应留有供堆肥设备可在条垛之间移动的足够大的空间。考虑到操作方便、堆体形状的维持以及周围环境和渗漏问题，条垛式堆肥的场地表面应满足两个要求：一是必须坚硬，场地表面材料常用沥青或混凝土，其设计标准与公路相似：注意必须有坡度，便于水快速流走，当采用坚硬的材料（如道路沥青和混凝土）时，场地表面坡度不小于1%；当采用不够坚硬的材料（如砾石和炉渣）时，其坡度应不小于2%。虽然在理沦上堆肥过程只存在少量的排水和渗漏液，但也应考虑异常情况下产生渗滤液使用的收集和排出系统，它至少包括排水沟和贮水池。重力排水沟的结构较简单，常用的是地下排水管系统或具有格栅和检查井的排水管系统。面积大于$2m×10^4m$的场地或雨量多的地区都必须建贮水池，用以收集堆肥渗滤液和雨水。堆肥厂地一般不需加盖屋顶，但在降雨量大或降雪地区，为保证堆肥过程以及堆肥设备的正常运行，则应加盖屋顶；在大风的地区，还应加建挡风墙。

b　建堆

堆肥物料经过分选和破碎等预处理步骤后就可进行建堆。建堆方法随当地气候条件、物料特性以及是否有污泥、粪便类添加物加人而异。如无添加物，就可直接进行建堆；如果有添加物加入，则根据添加物的掺入和混合方式又可分为两种形式：

（1）采用一层粪污一层添加物的方法建堆，其混合建堆来完成。

（2）垃圾和添加物从公共出口排出，边混合边建堆。至于建堆的形状主要取决于气候条件以及翻堆设计的类型。在雨天多、降雪量大的地区宜采用便于遮雨的圆锥形或采用平顶长堆，平顶长堆的相对比表面积（外层表面积与体积之比）小于圆锥形，因此，它的热损失少，能使更多的物料处于高温状态。除此之外，建堆形状的选择还与所采用的通风方式有关。

在建堆的尺寸方面，首先考虑发酵需要的条件，但也要考虑场地的有效使用面积。堆高大可减少占地，但堆高又受到物料结构强度和通风的限制。若物料主要组成成分的结构强度好，承压能力较好，在不会导致条堆倾塌和不会显著影响物料的空隙容积的前提下，堆高可以相应增加，但随之也会增加通风阻力，从而导致通风设备的出口风压也相应地增加。当堆体过大时，也易在堆体中心发生厌氧发酵，产生强烈的臭味，影响周围环境。根据综合分析和实际运行经验，推荐条垛适宜尺寸为：底宽2～6m，高1～3m，宽度不限，最常见的尺寸为底宽3～5m，高2～3m，其断面大多为三角形。最佳尺寸根据气候条件、翻堆使用设备、堆肥原料的性质确定。在冬季和寒冷地区，为减小堆肥向外散热，通常都采用增加条堆的尺寸来提高保温能力，同时也可避免干燥地区过大的水分蒸发损失。不同规模条垛设施建设要求见表2-3。

表2-3　不同规模条垛设施建设要求

规　模	面　积	建　设　要　求
1t/d	500～1000m²	地面硬化，阳光板，考虑渗滤液排水
10t/d	3000～5000m²	地面硬化，彩钢结构，考虑渗滤液排水
50t/d	7000～12000m²	地面硬化，彩钢结构，考虑渗滤液排水

c 翻堆

（1）翻堆方式。翻堆是用人工或机械方法进行堆肥物料的翻转和重堆。翻堆不仅能保证物料供氧，以促进有机质的均匀降解；而且能使所有的物料在堆肥内部高温区域停留一定时间，以满足物料杀菌和无害化的需要。翻堆过程既可以在原地进行，又可将物料从原地移至附近或更远的地方重堆。

（2）翻堆次数。通风是翻堆的主要目的，因此翻堆次数取决于条堆中微生物的耗氧量，翻堆的频率在堆肥初期应显著高于堆肥后期。翻堆的频率还受其他因素限制，如腐熟程度、翻堆设备类型、臭味产生、占地空间的需求及各种经济因素的变化。为了保证灭菌效果，可采用温度反馈装置控制，即在堆体中安装温度传感器，当温度超过 60℃ 时就应进行翻堆。当用稻草、谷壳、干草、木片或锯屑作调节剂且与粪污形成的混合物的水分约为 60% 时，堆体建好后第 3 天进行翻堆，然后每隔 1 天翻一次堆，直至第 4 次，之后每隔 4d 或 5d 翻一次堆。在一些特殊情况下，如物料含水过高或物料被压实时，也要通过翻堆来促进水分蒸发和物料松散。因此，设计和配置翻堆设备时，都应保证 1 天一次的翻堆能力。

（3）翻堆设备。国外最初用于翻堆的设备是推土机和前置式装卸机。推土机通过将堆肥物料摊开和重堆来进行翻堆作业，装卸机则首先将物料装入，然后在进行中将物料倾倒下来完成翻堆或布料。这两种方法都使物料受到一定程度的压实而被逐渐淘汰。不同规模条垛设备选型见表 2-4。

表 2-4 不同规模条垛设备选型

规模	1t/d	10t/d	50t/d
粉碎设备	粉碎机处理能力：1t/h	粉碎机处理能力：4t/h	粉碎机处理能力：4t/h
运输设备	铲车（0.8m³）	铲车（1.7m³）	铲车（3m³）
翻堆设备	铲车（0.8m³）	铲车（1.7m³）或条垛翻堆机	铲车（3m³）或条垛翻堆机
翻堆机宽/m	1.8	2.3	3.1
翻堆机高/m	0.8	1	1.4
条垛总长/m	80	500	1300
推荐条垛数	4	8	15

总体来看，该模式所需设备简单，成本投资相对较低；翻堆使堆肥易于干燥，填充剂易于筛分和回用；长时间堆腐使产品的稳定性相对较好。但条垛式系统的缺点也很明显：首先是堆垛高度通常为 1～1.2m，占地面积大，堆垛发酵和腐熟较慢，堆肥周期长，大概需要 3～5 个月才能完全腐熟，需要大量的翻堆机械和人力，同其他堆肥系统相比，条垛式系统需要更频繁的监测，才能保证通气和温度要求。如果在露天进行条垛堆肥，不仅有臭气排放，而且易受降雨天气的影响，因此，通常在简易大棚中进行，运行操作受气候影响大，雨季会破坏堆体

结构，冬季则造成堆体热量大量散失、温度降低等问题。条垛式系统一直被广泛采用，尤其是在美国和加拿大等有足够土地面积的国家。

B 静态通气堆肥

该模式在堆体底部或中间安装带空隙的管道，通过与管道相连的风机运行实现供氧，它能更有效地确保高温和病原菌灭活。静态通气堆肥与条垛式系统的不同之处在于堆肥过程中不是通过物料的翻堆而是通过强制通风方式向堆体供氧，在此系统中，在堆体下部设有一套管路，与风机连接，穿孔通风管道可置于堆肥厂地表面或地沟内，管路上铺一层木屑或其他填充料，使布气均匀，然后在这层填充料上堆放堆肥物料，成为堆体，在最外层覆盖上过筛或未过筛的堆肥产品进行隔热保温。静态通风垛系统已成为美国应用最广泛的粪污堆肥系统，其技术要点如下：

（1）场地。条垛式和静态通风垛系统都是开放系统，它们对场地的要求基本一致。场地的表面应结实，能迅速排走积水和渗滤液。

（2）通风系统。静态通风垛系统中，关键的是通风系统，包括鼓风机和通气管路。根据流体力学的原理，要使气体在堆体中均匀流通，必须使各路气体通过堆层的路径大致相等，且通风管路的通风孔口要分布均匀，这是通风管路铺设应遵循的一个原则。通气管路有固定式和移动式两种。固定式通气管路放于水泥沟槽中或者平铺在水泥地面上，上铺木屑、刨花等空隙率较大的填充料，达到均匀布气的效果。还有一些固定式通风管路完全靠水泥沟槽充当通气管路。水泥沟槽必须能支撑住上面堆料的压力。移动式通风管路系统主要由简单的管道直接放在地面上构成。其优点是成本低，设计灵活，易于调整。

通风方式可采取正压鼓风或负压抽风，也可用由正压鼓风与负压抽风组成的混合通风。正压鼓风就是用鼓风机将空气鼓入堆肥物料中，而负压抽风则是将堆肥物料中的潮湿高温气体用风机抽出。正压鼓风的特点是输入空气均匀，有利于物料中气孔的形成，使物料保持蓬松，输气管不易堵塞；能有效地散热和去除水分，其效率比负压抽风高1/3。负压抽风易使物料压实过紧。通风的控制方式可以有多种，一般常用温度或时间控制。通过在堆体中安装温度反馈系统，堆体内部温度超过60℃时，鼓风机自动开始工作，排出堆料热量和水蒸气，使堆体冷却下来。鼓风机也可以定时控制，每隔15~20min（具体时间根据实际情况确定）通风供氧。为保证杀灭病原体，静态通风垛堆肥温度必须保持在55℃左右并至少持续7d。为减小通风阻力，强制通风方式对堆肥物料的特性有较为严格的要求，具体如下：

（1）物料呈粒状，松散状。

（2）颗粒尺寸应均匀。当堆肥原料为农业秸秆时，应先将秸秆切碎成1~5cm的长度，其中以1~2cm最为合适。当以城市生活垃圾为堆肥原料时，一般适宜的粒径范围为 1.2~6cm 左右。

（3）物料含水率应控制在 55% 左右，以避免水分过多而引起的物料空隙容积减少甚至压实。

若通风方式使用翻堆与强制通风结合的方式，则成为强制通风条垛系统。其操作除了定时翻堆外，其余与静态通风垛系统相似。静态通风垛系统的优点是：

（1）设备投资相对较低。

（2）与条垛式系统相比，温度及通风条件得到更好的控制。

（3）堆腐时间相对较短，一般为 2~3 周。

（4）产品稳定性好，能更有效地杀灭病原菌及控制臭味。

（5）由于堆腐期相对较短、填充料相对较少，因此占地也相对较少。

但是静态通风垛系统堆肥易受气候条件的影响。例如，雨天会破坏堆体的结构。与条垛式系统相比，在足够大体积、合适的堆腐条件下，静态通风垛系统受寒冷气候的影响较小。

C　槽式好氧堆肥

该模式中搅拌机器沿着堆肥槽往复运动搅拌给堆体供氧。槽式堆肥是将堆料混合物放置在长槽式的结构中进行发酵的堆肥方法，槽式堆肥的供氧依靠搅拌机完成，搅拌机沿槽的纵轴移行，在移行过程中搅拌堆料。堆肥槽中堆料深度为 1.2~1.5m，堆肥发酵时间为 3~5 周，槽式堆肥的优点是粪便处理量大、发酵周期短，通常在大棚内进行，可对臭气进行收集处理，无大气污染问题。由于槽式堆肥要购置搅拌设备，且搅拌设备的功率较大，因而投资成本和运行费用均高。目前推行的异位发酵床也属于槽式好氧堆肥的一种。日处理 5t、50t、100t 槽式堆肥设施各单元面积见表 2-5。

表 2-5　日处理 5t、50t、100t 槽式堆肥设施各单元面积

工艺单元	5t/d	50t/d	100t/d
原辅料车间	$100 \sim 200m^2$	$400 \sim 600m^2$	$800 \sim 1200m^2$
发酵车间	$300 \sim 400m^2$	$1200 \sim 1500m^2$	$2400 \sim 3000m^2$
陈化车间	$150 \sim 200m^2$	$600 \sim 800m^2$	$1200 \sim 1500m^2$
加工车间	$200m^2$	$1000m^2$	$1500m^2$
成品车间	$150 \sim 200m^2$	$800 \sim 1000m^2$	$1500 \sim 2000m^2$

D　反应器堆肥

该模式其供氧方式与静态通气堆肥相似，但堆肥是在专用的反应器中进行，反应器是将堆肥物料密闭在发酵装置（如发酵仓、发酵塔等）内，控制通风和水分条件，使物料进行生物降解和转化，也称装置式堆肥系统、发酵仓系统等。

a　按物料的流向分

可分为竖直流向反应器、水平或倾斜流向反应器和静止式。竖直流向反应器包括搅拌固体床（分为多床式和多层式）和筒仓式（也称为包裹仓式，分为气固逆流式和气固错流式）。水平或倾斜流向反应器包括滚动固体床（转筒或转鼓，也称为旋转仓式，分为分散流式、蜂窝式和完全混合式）、搅拌固体床（搅拌箱或开放槽）、静态固体床（管状，分为推进式和输送带式）。静止式即堆肥箱。

  b 按物料的流态分

美国环保局把反应器系统分为推流式和动态混合式。推流式的特点是入口进料，出口出料，每个物料颗粒在反应器内的停留时间相同。动态混合式的特点是堆肥物料在反应器内用机械不停地搅拌混匀。根据反应器的形状不同，推流式系统又可分为圆筒形、长方形、沟槽式反应器；动态混合式系统又可分为长方形发酵塔和环形发酵塔。反应器堆肥设施占地面积见表2-6，反应器堆肥设备选择见表2-7。

表 2-6　反应器堆肥设施占地面积

处理量/$t \cdot d^{-1}$	反应器设备区面积/m^2	原料暂存区面积/m^2	产品贮存区面积/m^2
2	50	90	300
5	60	90	600

表 2-7　反应器堆肥设备选择

设备配置		2t/d	5t/d
筒仓式反应器	容积	50~60m³	80~90m³
	附属设施	铲车/小推车除臭塔	铲车/小推车除臭塔
滚筒式反应器	容积	80~90m³	160~170m³
	附属设施	铲车/物料输送机除臭塔	铲车/物料输送机除臭塔

同条垛式系统和静态通风垛系统相比，反应器系统设备占地面积小，能进行很好的过程控制，堆肥过程不受气候条件的影响，可对废气进行统一收集处理，防止环境的二次污染，解决了臭味问题。但也存在明显的不利因素：首先是堆肥的投资、运行费用及维护费用很高；由于堆肥周期较短，堆肥产品会有潜在的不稳定性，堆肥的后熟期相对延长；由于机械化程度高，一旦设备出现问题，堆肥过程即受影响。

2.3.2.2　堆肥阶段

好氧堆肥过程大致可分为升温阶段、高温维持阶段和腐熟3个阶段。

A　升温阶段

该阶段主要是在堆肥初期，该阶段堆料中噬温性微生物较为活跃，它利用堆料中的可溶性有机物进行大量生长繁殖。微生物在转换和利用化学能的过程中会释放部分热能，从而使堆料温度不断上升。此阶段微生物以中温型、好氧型为主，主要是一些无芽孢细菌。适合于中温阶段的微生物种类极多，其中最主要的是细菌、真菌和放线菌。

B 高温维持阶段

当堆肥温度升到45℃以上时，即进入高温阶段。在此阶段，嗜热性微生物逐渐替代嗜温性微生物，堆肥中残留的和新形成的可溶性有机物质继续分解转化，当温度继续上升到70℃以上时，大多数嗜温性微生物已不适宜，微生物大量死亡或进入休眠状态。

C 腐熟阶段

该阶段堆料中只剩下部分较难分解的有机物和腐殖质，此时微生物活动下降、发热量减少、温度下降。在此阶段堆料中以嗜温性微生物为主，对难分解的有机物做进一步分解，腐殖质不断增多且稳定化。

2.3.2.3 影响堆肥的因素

影响好氧堆肥的因素很多，主要包括堆料有机质含量、含水率、碳氮比、pH值、温度和通风（供氧）等因素。

A 有机质含量

一般情况下，在生化反应中反应物含量越高越有利于反应过程的进行。堆肥反应的特性是它存在一个合适的堆肥挥发性物质范围。大量研究工作表明，在高温好氧堆肥中，适合堆肥的挥发性物质含量变化范围为20%~80%。当挥发性物质含量低于20%受挥发性物质的限制，使堆肥过程不能产生足够的热量以提高堆层温度而实现无害化，同时，还限制堆肥微生物的生长繁殖，无法提高堆肥微生物活性，最后导致堆肥工艺失败。当堆肥挥发性物质含量高于80%时，由于高含量的挥发性物质在堆肥过程中对供氧要求很高，往往达不到完全好氧而产生恶臭，也不能使好氧堆肥工艺顺利进行。

B 含水率

从满足微生物生长的角度而言，堆肥过程中含水率越高越好，这是因为微生物只能吸取溶解性的养料才能生存，因此，堆肥的最佳状态是糊状，并通过通气达到好氧的状态。但是对于好氧堆肥工艺而言，如果含水率过高，会造成原料被紧缩或其内部游离空隙被水膜填充，使游离空隙率降低而影响空气的扩散，并使有机物供氧不足而出现大量厌氧状态，产生恶臭。另外，对于高含水率的堆肥，即使能保证良好的通风状态，但因发酵时产生的热量多半消耗于水分的蒸发，若无特别加温手段，要达到高温堆肥是很困难的。相反，若含水率过低，会妨碍微生物的生长繁殖，延缓堆肥反应的速度，严重时甚至导致整个工艺过程的失败。

通常含水率的高低主要取决于堆料的成分，含水量小，则应加以调节。当堆料的有机物含量不超过 50% 时，堆肥的最佳含水率应为 45%～50%。如果有机物的含量达到 60%，则堆肥的含水率也应提高到 60%，含水率低于 30% 时，分解过程进展变得迟缓，当含水率低于 12% 时，微生物的反之就会停止。反之，含水率超过 65%，水就会充满物料颗粒间的空隙，使空气含量大量减少，堆肥将由好氧向厌氧转化，温度也急剧下降其结果是形成发臭的中间产物（硫化氢、硫醇、氨等）和因硫化物而导致腐败肥料黑化。

C　碳氮比

就微生物对营养的需要而言，C∶N 比是一个重要的因素。微生物对 C/N 比的需要是有区别的，其中碳是细菌的能源，而氮则被细菌用来进行细胞繁殖，C/N 比随着细菌的分解逐步降低。微生物在新陈代谢获得能量和合成细胞的过程中，对碳的需要是有差异的，大多数的碳在微生物新陈代谢过程中由于氧化作用而生成 CO_2，另外一些碳则生成原生质和贮存物，氮主要消耗在原生质合成作用中，通常所需要的碳比氮多，两者之比为（30～35）∶1。有机物被微生物分解的速度随 C∶N 比而变化，所以用作其营养物的有机物 C/N 比最好在此范围内。C∶N 比低于（20～25）∶1，超过微生物所需的氮，细菌就将其转化为氨，使其逸散。C∶N 比太高，容易导致成品堆肥的 C∶N 比过高，会陷入氮饥饿状态。总的来说，粪污在堆料中若碳氮比较高，细菌和其他微生物的生长会受到影响，有机物分解速度会明显降低，发酵时间变长，同时也会造成成品堆肥的碳氮比过高。若堆料碳氮比过低，则可供消耗的能量来源不足，氮素相对过剩，则氮将变成氨氮而挥发，导致氮元素大量损失而降低肥效。

D　pH 值

pH 值是能对细菌环境做出估计的参数。一般微生物最适宜的 pH 值是中性或弱碱性，pH 值过高或过低都会对堆肥发酵不利。在堆制过程中，pH 值随着时间和温度的变化而变化，因此 pH 值也是揭示堆肥分解过程的一个极好的标志。适宜的 pH 值可使微生物有效地发挥作用，而 pH 值太高或太低都会影响堆肥的效率。一般认为 pH 值在 7.5～8.5 时，可获得最大的堆肥效率。此外，pH 值随着氨气的挥发量增加而升高，当 pH 值升高后，氨气的挥发也会加快，当 pH 值增加到 7.0 以上，氨气的挥发迅速增加。这主要是由于氮在 pH 值中性溶液中以 NH_3—N 的形式存在，在高 pH 值溶液中以未电离的 NH_3 分子形式存在。堆肥过程中的高 pH 值会持续很长一段时间，主要是生物学和化学因素相互作用导致的结果，堆肥过程中尿素和蛋白质降解产生的氨会升高 pH 值，打破平衡，使 NH_3 含量增加，而高温和高 pH 值二者共同作用导致了 NH_3 几乎在水中是不溶的，因此导致 NH_3 的大量损失和全氮含量的降低。

E　温度

温度是影响堆肥的另一个主要因素。在堆肥过程中，微生物群发生着质量和数量的变化。堆肥的初始阶段，微生物担负着大部分代谢活动，随着微生物活动的增加提高了堆肥温度，接着嗜热菌取代了嗜温菌。温度的变化在很大程度上受氧气可用量的限制，因此，最佳环境条件要包括好氧微生物赖以生存的有效通风量。通常堆肥温度应保持在 60~65℃，在堆肥的初期，堆体温度一般与环境温度相近，经过中温菌 1~2 天的作用，堆肥温度便能达到高温菌的理想温度 50~65℃，按此温度，一般堆肥只要 5~6 天，即可完成无害化过程。因此，在堆肥过程中，堆体温度应控制在 50~65℃之间，但在 55~60℃时比较好，不宜超过 60℃。温度超过 60℃，微生物的生长活动即开始受到抑制。温度过高会过度消耗有机质，并降低堆肥产品质量。为达到杀灭病原菌的效果，对于装置式系统（反应器系统）和静态通风垛系统，堆体内部温度大于 55℃的时间必须达 3 天。对于条垛式系统，堆体内部温度大于 55℃的时间至少为 15 天，且在操作过程中至少翻堆 5 次。

此外高温也会导致氮素的损失，在堆肥发酵期间，由于温度超过 60℃，此时的高温和高 pH 值共同作用导致 NH_3 几乎在水中是不溶的，NH_3 便以气体的形式挥发，因而导致堆肥中氮素的损失。所以在堆肥过程中保持适中的温度有助于降低氮素损失。

F　通风

通风量的多少与微生物活动的强烈程度与有机物分解速度及堆肥的粒度密切相关，氧气是好氧微生物生存的必要条件，因此堆肥时必须保证充分的供氧，供氧量的多少与微生物的活跃程度和对有机物的分解速度密切相关。需氧量应根据堆肥物质的水分和堆肥温度确定，一般在堆肥过程中常用温度的变化反馈控制通风以保证堆肥过程中微生物生长的理想状态。

2.3.2.4　设施设备

A　堆肥设施建设要求

堆肥场是猪场进行固粪堆肥发酵的场地，根据《畜禽场环境污染控制技术规范》（NY/T 1169—2006）的要求，猪场内的粪便堆场应设在猪场生产及生活管理区常年主导风向的下风向或侧风向处，且距离各类功能地表水源体不得小于 400m，同时采取搭棚遮雨和水泥硬化等防渗漏措施（堆场的具体防渗要求按 GB 50069 相关规定执行），堆场的地面应高出周围地面至少 30cm。

根据《畜禽规模养殖场粪污资源化利用设施建设规范（试行）》（农办牧〔2018〕2 号）文件的要求，堆肥设施发酵容积不小于 $0.002m^3$ ×发酵周期（天）×设计存栏量（头）。常见的生猪规模养殖场堆场若采用堆肥处理固粪，其堆肥场规模见表 2-8。

表 2-8 不同条件下堆肥场规模 （m³）

发酵周期	设计存栏规模			
	500 头	1000 头	2000 头	3000 头
14 天	14	28	56	84
21 天	21	42	84	126
28 天	28	56	112	168
35 天	35	70	140	210

B 相关设施设备

主要包括磅秤、输送、翻堆机以及专业的发酵塔（罐、仓）等机械设备。

a 地磅秤

地磅秤的目的是需猪粪便收集的数量进行称量，根据粪便重量来添加发酵辅料的数量。

b 运输设备

该类设备主要结合猪场规模与粪污清粪工艺确定。主要包括带式输送机、刮板输送机等。

c 翻堆设备

条垛堆肥的翻堆设备包括斗式装载机、推土机、跨式翻堆机等，其中小规模的条垛式堆肥通常采用斗式装载机。以条垛式发酵为例，就是将物料铺开排成行，在露天或棚架下堆放，每排物料堆，堆下可配有供气通气管道，也可不设通风装置，根据实际情况，采用不同的翻堆发酵设备。

常见的条垛翻堆设备分为三类：垮式堆肥机、侧式翻堆机、斗式装载机或推土机。翻堆设备可由拖拉机等牵引或自行推进。中、小规模的条垛宜采用斗式装载机或推土机；大规模的条垛宜采用垮式翻堆机或侧式翻堆机。垮式翻堆机不需要牵引机械，侧式翻堆机需要拖拉机牵引。美国常用的是垮式翻堆机，而侧式翻堆机在欧洲比较普遍。

（1）垮式翻堆机。这种翻堆机一般直接行走在堆肥物料之中，最大宽度可达到 8~10m，高度一般为 2.3~2.5m。由于不需要专门的行走道路，使用这种翻堆机可以为堆肥厂节省大量占地面积。这种翻堆机的工作原理为翻堆机下方两侧各设有一个螺旋向内的螺杆，它们可以将两侧的物料通过螺杆的传输作用移向翻堆中间，而中间的物料则由于两侧物料的推力从螺杆上方的空间涌出并被带往翻堆机两侧，从而达到混合与通风的目的。目前常见的垮式翻堆机主要有芬兰的 ALLU 翻堆机，它的最大翻堆能力可以达到 6000m³/h。

（2）侧式翻堆机。这种机型的翻堆机常用在正规的大型条垛式堆肥厂中，堆肥化物宽3~4m，高2m，成长条状堆放，下面设有通风装置，条垛之间为皮带型翻堆机的行走轨道。翻堆机行走时，翻动物料。

（3）斗式装载机。此类型的翻堆机完全使用在露天堆放场，物料可以根据地形位置任意堆放，一般物料仍然以条垛式铺排为多，堆下设置了通风装置。翻堆机的形状类似拖拉机，在机侧设有可移动的翻堆链板或类似农地耕作的旋耕机，当翻堆机工作时，利用可移动的翻堆链板或旋转的叶片将物料带起、落下，并随之移动一个位置，完成翻堆及破碎任务，加速垃圾有机物的降解过程。这种翻堆机以装载机作行走动力，副发动机为垃圾翻动及破碎的工作动力，行动灵活，翻堆能力强。

d　专业发酵塔（罐、仓）

专业发酵罐包括竖炉式发酵塔、筒仓式发酵仓、螺旋搅拌式发酵仓以及卧式发酵滚筒等。专业发酵塔（罐、仓）的优点在于粪便的搅拌较为充分，效率较高，但设备耗能较大，运行投入相对较大。

2.3.3　厌氧发酵处理

厌氧发酵也是目前处理猪只固体废弃物较为普遍的处理方式，但通常猪场在采用该方法时多是和处理液体废弃物同时进行，因此固体废弃物的厌氧发酵处理将在第三章中进行阐述。

2.3.3.1　主要形式

A　水压式沼气池

水压式沼气池是最常见的厌氧发酵形式，也是我国推广最早、数量最多的沼气池。水压式沼气池由进料管、发酵间、贮气间、水压间、出料口、导气管等部件构成，采用地上或面下形式修建，圈舍收集的粪便通过进料管进入发酵间进行厌氧发酵。沼气池投入使用后，发酵间上部贮气间完全封闭，发酵间的微生物利用粪便原料进行发酵繁殖，同时产生沼气，伴随沼气的聚积，贮气间压力逐渐增加，当贮气间压力超过大气压时，发酵间内的料液便被压入进料管和水压间，造成发酵间液位下降，促使进料管和水压间产生液位差，引起贮气间内的沼气保持较高的压力。沼气利用时，沼气从导气管排出，进料管和水压间的料液又流回发酵间，造成进料管和水压间液位下降，同时引起发酵间液位上升，导致液位差减少，沼气压力降低。当沼气发酵间产生的沼气较少时，发酵间内的液位将与进料管和水压间液位保持平衡，液位差消失停止输排沼气。水压式沼气池比较适合生猪养殖专业户和小规模猪场的粪水处理，其建设大小通常不超过300m³，其日产气量约为0.15~0.30m³/立方米。其优点是省工省料，成本较低，操作方便，缺点是没有搅拌装置，池内容易分层，形成较厚的浮渣，长时间聚集容易进一步板结结壳，阻碍沼气导出，降低沼气池效率。

B　黑膜沼气池

又称为覆膜式厌氧塘，就是将厌氧塘用不透气的高分子膜材料密封，下部装水部分敷设防渗材料，池深通常为5~8m。粪便从厌氧塘一端流进，从另一端排出。整个系统在常温下运行，降解速度随季节、温度变化而变化，冬季反应温度低；固态物质容易下沉，只能在底部污泥床进行分解；黑膜沼气池不设搅拌设备，有机物与微生物接触不充分，污泥浓度低，有机物的转化速率低，产气率较低。覆膜式氧化塘主要用于处理浓度比较低的养殖场冲洗污水，进入厌氧塘前通常要进行固液分离，造成排进塘内的污水干粪便较少，有机物的不足导致产气量不高。其优点是工艺相对简单。缺点是塘的利用效率低，占地大，沼气产量低、出水水质较差，出渣相对困难，塘的清理费用比较高，存在底部膜破损污染地下水的风险。覆膜式厌氧塘见图2-5。

图2-5　覆膜式厌氧塘

C　完全混合式厌氧反应器

完全混合式厌氧反应器也被称为高速厌氧消化池，是在传统消化池内采用搅拌和加热保温技术，使反应器生化降解速率显著提高。在完全混合式厌氧反应器系统内，生猪粪便在厌氧消化反应器进行厌氧消化，消化后的沼渣和沼液则分别从系统的底部和上部排出，产生的沼气则从顶部排出。由于该系统设有搅拌装置，为使系统内的细菌和粪便原料接触更加均匀，通常每隔2~4h搅拌一次。在排放沼液时，则停止搅拌，待沉淀分离后从上部排出上清沼液。完全混合式厌氧反应器的优点在于进料快，发酵速率较高，排沼（污泥）容易。其缺点在于反应器内繁殖起来的微生物会随沼液溢流而排出不宜聚量，反应器中的污泥浓度低，在短水力停留时间和低浓度投料的情况下，则会出污泥流失的问题现严重的，此外能量消耗多，运行费用较高。完全混合式厌氧反应器适合没有经过固液分离的、高悬浮物、高有机物浓度的生猪养殖粪便的处理。

D　厌氧接触工艺

厌氧接触氧化工艺主要是为了克服完全混合式厌氧反应器不能滞留厌氧微生物的缺点，在消化反应器后设置沉淀池，再将沉淀污泥回流到消化反应器中，避免厌氧微生物的流失。厌氧接触工艺通过污泥回流提高了消化反应器内微生物浓度，从而达到提高厌氧反应器的有机容积负荷和处理效率，缩短粪便在消化反应器内的水力停留时间的目的。该工艺的优点在于通过污泥回流，增加了消化池污泥浓度，耐冲击能力较强；容积负荷比完全混合式厌氧反应器高，其 COD 去除率能达到 70%~80%。该工艺的缺点在于系统增设沉淀池、污泥回流系统，流程较复杂；此外厌氧污泥沉淀效果差，有相当一部分污泥会上漂至水面，随水外流。目前，主要采用搅拌、真空脱气、加混凝剂或者超滤膜代替沉淀池等方法，提高泥水分离效果。厌氧接触工艺适合中等浓度高悬浮物和有机物的生猪养殖粪便的处理。

E　厌氧滤池

厌氧滤池是一种内部填充微生物载体（填料）的厌氧反应器，其底部设置布水装置，废水从底部通过布水装置进入装有填料的反应器，在附着于填料表面或被填料截留的大量微生物的作用下，将废水中的有机物降解转化，沼气从反应器顶部排出，被收集利用，降解后的厌氧沼液通过管道排到反应器外。反应器中的生物膜不断代谢，脱落的生物膜随出水带出。根据进水方式的不同，厌氧滤池分为上流式和下流式。在上流式中，废水从底部进入，向上流动通过填料层，处理后厌氧出水从滤池顶部的旁侧流出。在下流式中，布水装置设于池顶，废水从顶部均匀向下流动通过填料层直到底部，产生的沼气向上流动可起一定的搅拌作用，降流式厌氧滤池不需要复杂的配水系统，反应器不易堵塞，但污泥或同体物质沉积在滤池底部会给操作带来一定的困难。传统的厌氧生物滤池进水均采用上流方式。厌氧滤池的优点在于微生物固体停留时间长（一般超过 100 天），耐冲击负荷能力强，启动时间短，停止运行后再启动比较容易；有机负荷高，COD去除率可达 80%以上。缺点在于容易发生堵塞和短流现象，填料使用量较大，运行成本较高。

F　上流式厌氧污泥床

上流式厌氧污泥床（UASB）是一种在反应器中培养形成颗粒污泥，并在上部设置气、固、液二相分离器的厌氧生物处理反应器。反应器的底部具有浓度高、沉降性能良好的颗粒污泥，称污泥床。待处理的废水从反应器的下部进入污泥床，污泥中的微生物分解废水中的有机物，转化生成沼气，分离出污泥后的处理水从沉淀区溢流，然后排出。上流式厌氧污泥床进料采取两项措施达到均匀布水，一是通过配水设备，二是采用脉冲进水，加大瞬时流量，使各孔眼的过水量较为均匀。其优点在于反应器内污泥浓度和有机负荷较高，水力停留时间较短，不需要搅拌设备和污泥回流设备，成本相对较低，不易发生堵塞。其缺点在于污泥床内有短流现象，影响处理能力，对水质和负荷突然变化较敏感，耐冲击能力稍差。

G 厌氧复合反应器

厌氧复合反应器是将厌氧生物滤池（AF）与升流式厌氧污泥反应器（UASB）组合形成的反应器，因此称为 UBF 反应器。厌氧复合反应器由布水器、污泥层和填料层构成。当废水从反应器的底部进入，顺序经过颗粒污泥层、絮体污泥层进行厌氧处理反应后，从污泥层出来的污水进入滤料层进一步处理，并进行气-液-固分离，处理水从溢流堰（管）排出，沼气从反应器顶部引出。厌氧复合反应器适合经固液分离后的猪场粪水的处理。其优点在于与上流式厌氧污泥床相比，微生物积累的能力增加，污泥流失率降低，启动速度较快，不易发生堵塞，运行稳定，对容积负荷、温度、pH 值的波动有较好的承受能力。

H 升流式固体厌氧反应器（USR）

该反应器是参照上流式厌氧污泥床（UASB）原理开发的一种结构简单、适用于高悬浮固体的有机废水处理的反应器。料液从反应器底部进入，进料通过布水均匀分布在反应器的底部，然后向上通过含有高浓度厌氧微生物的固体床，料液中的有机物与厌氧微生物充分接触反应，有机物被降解转化，生成的沼气上升连同水流上升具有搅拌混合作用，促进固体与微生物的接触。未降解的有机物固体颗粒和微生物靠自然沉降，积累在固体床下部，使反应器内保持较高的生物量，并延长固体的降解时间。通过固体床的水流从反应器上部的出水渠溢流排出。在出水渠前设置挡渣板可减少悬浮物的流失。其优点在于原料预处理简单，不需要固液分离、三相分离器、污泥回流装置以及搅拌设施等。其缺点在于没有搅拌，容易形成浮渣，易于结壳。

2.3.3.2 影响因素

A 温度

温度是影响厌氧微生物的一大因素。厌氧微生物可分为嗜热菌（适宜温度约为 55℃左右）、嗜温菌（适宜温度约为 35℃左右）。当处理含有病原菌和寄生虫卵的废水时，高温消化可取得较好的卫生效果，消化后污泥的脱水性能也较好。

B pH 值和碱度

pH 值是厌氧消化过程中重要的影响因素。特别是产甲烷菌对 pH 值的变化常敏感，通常其最适 pH 值范围为 6.8～7.2，过高或过低的 pH 值会严重抑制产甲烷菌的繁殖，影响厌氧消化过程。影响厌氧体系中的 pH 值的因素包括进水 pH 值，进水水质有机物浓度和种类，以及酸碱平衡等。碱度也是厌氧消化的重要影响因素，其作用主要是保证厌氧体系具有一定的缓冲能力，维持合适的 pH 值。

C 氧化还原电位

产甲烷菌的最适氧化还原电位为约 $-150 \sim -400\text{mV}$，在产甲烷菌繁殖生长的初期，氧化还原电位宜低于 -330mV。严格的厌氧环境是产甲烷菌进行正常生理活动的基本条件。

D 营养要求

厌氧微生物对 N、P 等营养物质的要求略低于好氧微生物，多数厌氧菌不具有合成某些必要的维生素或氨基酸的功能，必要时需要投加部分微量元素。

E F：M 比

厌氧生物处理的有机物负荷较好氧生物处理更高，高的有机容积负荷可以缩短水力停留时间，减少反应器容积。

F 有毒物质

常见的有毒物质有硫化物、氨氮、重金属、氰化物等有机物。硫酸盐和其他含硫的氧化物很容易在厌氧消化过程中被还原成硫化物，可溶的硫化物达到一定浓度时，会影响厌氧消化的过程，主要是会抑制甲烷的产生。氨氮是厌氧消化的缓冲剂，但浓度过高，会对厌氧消化过程产生毒害作用。微量的重金属对厌氧微生物的生长可起到刺激作用，当其过量时，重金属能使厌氧消化过程失效。氰化物对厌氧消化的抑制作用决定于其浓度和接触时间，高浓度和长时间的接触会对厌氧消化过程产生明显的抑制作用。部分合成有机物对厌氧微生物有毒害作用，其影响作用也与合成有机物的浓度关系密切。

2.3.4 其他处理技术

异位发酵床处理模式是指养猪与粪污发酵分开，猪舍外另建垫料发酵舍，猪不接触垫料，猪场粪污收集后利用潜污泵输送均匀喷在垫料上进行生物菌发酵的粪污处理方法。室外发酵床既有效地克服了传统发酵床消毒不方便、改造成本高等问题，又避免了传统发酵床存在的劳动量大、消毒不方便、易诱发呼吸道疾病和皮肤疾病等弊端，粪污经发酵处理后制成有机肥也可以直接用于肥田达到了畜禽污染废弃物农业资源化利用。在环境保护上为养猪开辟了一条新的途径。

A 异位发酵床原理

该技术是将粪污中的水分通过高温菌种发酵蒸发掉，将动物粪便中的营养物质通过微生物的分解最终也变成了垫料。异位发酵床功能的发挥主要依赖于微生物的作用，而微生物的群落结构变化可以反映出发酵床的运行情况。发酵过程中填料的营养成分、pH 值、温度等的变化都会影响微生物群落的变化。发酵床发酵初期微生物数量较低，随着发酵床内不断添加养殖废弃物，填料中可直接利用的养分增多，微生物迅速繁殖，此时细菌、真菌数量快速增加，同时，大量微生物分解粪尿及填料中的有机物释放的热量导致床体温度迅速升高。初期床体中的大量微生物分解能力较强，床体持续高温使得水分蒸发较快，填入的猪粪和废水被微生物快速分解和消耗。15~20 天以后，床体内含水量持续下降，并且 pH 值持续升高且处于碱性的环境中，此时不利于微生物的生长繁殖，这个阶段细菌和真菌的数量均下降。此时，通过添加粪尿的方式进行填料，随着填料过程完成，床体内含水量和养分含量逐渐上升，细菌和真菌数量升高。进入发酵后期，床体主要营养成分含量逐渐降低，可直接被微生物利用的养分迅速减少，微生物的群落结构发生变化，此时则需要通过翻堆、添加新鲜垫料及补充菌剂的方式调整微生物群落结构，使床体恢复分解能力，提高粪尿降解的效率，降低"死床"风险。

B 异位发酵床技术

异位发酵床的技术包括：

（1）微生物发酵：利用粪尿提供微生物以营养，促进微生物生长，在垫料中加入能促进粪尿分解和垫料发酵的有益菌。使有益菌成为优势菌群，形成阻挡有害菌的天然屏障，消除臭味，分解粪污，从而达到处理粪污的效果。

（2）空气对流蒸发水分：因地制宜建设异位发酵床，充分利用不同季节空气流向，辅助以卷帘机等可调节通风的设施，用于控制发酵床空气的流向和流速，将异位发酵床蒸发出来的水分排出。

该模式在距离猪舍内或舍外修建异位发酵床场所，异位发酵建筑施工主要含有异位发酵舍（喷淋池、发酵槽、移位轨道）、集污池、顶棚等的构建。异位发酵利用耐高温微生物对猪粪进行好氧发酵降解，故在构建建筑物上需要将通气量、阳光入射角纳入设计范畴内。由于异位发酵均为半自动设备参与整个作业流程，设备主要包含粪污切割泵、粪污搅拌机、粪污自动喷淋机、槽式垫料翻堆机及移位机等。故对场址及设备提出以下建议：

（1）异位发酵舍应选择地势平坦、空气易对流、具备良好的水电供应并且符合村镇建设及畜牧环保业发展规划的场地。

（2）粪污切割泵、搅拌机能正常运转作业，喷淋机能够实现粪污均匀喷洒至发酵槽中并实现自动化，翻堆机能将发酵槽中垫料有氧均匀翻堆。

（3）异位发酵过程选用的菌种为嗜热型微生物菌种，刘波等研究发现，嗜热微生物生长温度最低为 45℃，最适温度为 55~65℃，最高耐热 80℃。

异位发酵床工艺图如图 2-6 所示。

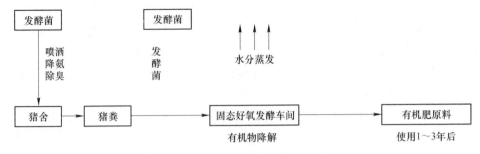

图 2-6 异位发酵床工艺流程

猪舍内产生的粪污通过尿泡粪，经过排粪沟进入集粪池，在集粪池内通过切割搅拌机搅拌防止沉淀，粪污切割泵打浆并抽送到喷淋池，喷淋机将粪污浆喷洒在异位发酵床上，添加微生物发酵剂，行走式翻堆机翻堆，将垫料与粪污混合发酵，分解猪粪，消除臭味。喷淋机往返式喷淋粪污，翻堆机往返式翻耕混合垫料，如此往复循环，完成粪污的处理，最终垫料作有机肥利用。

采用该模式宜采用干清粪，将粪便及时清理，避免水冲清粪，减少用水量，缩短从排泄出来到发酵床上的转运时间，采用猪粪保鲜除臭技术减少猪粪在栏舍内的分解。

该技术主要包括调质池、翻耙机及自动喷污装置、固态好氧发酵车间等。

（1）调质池。搅拌机将猪粪调成浆状，使用粪污泵将猪粪抽到粪污池内。调节池体积为 $10\sim30m^3$ 左右。异位发酵床调节池如图 2-7 所示。

图 2-7 异位发酵床调制池

（2）翻耙机及自动喷污装置。猪粪尿经过调质池搅拌后，抽到喷污池后，在用转子泵抽到发酵床上面去，后开启履带式轮式翻抛机进行翻抛，使其粪便分布均匀。

（3）固态好氧发酵车间。由防雨棚和生物发酵床组成，生物发酵床包括垫料槽和翻抛装置等四周做好排水沟，要确保发酵车间内部不被大雨浇灌；车棚立柱做成钢混凝土骨架，上部使用钢架构，两侧墙面用 12 砖砌成 1m 高，防止垫料溢出；车棚顶部使用透明阳光板覆盖，利于水分蒸发。

（4）生物发酵床。由锯末、稻壳等基质组成的垫料，按比例添加一定量菌种，构成一个垫料池体系。通过垫料的用量来控制湿度，并采用机械或人工定期翻垫料。生猪所排出的粪便及尿液通过微生物发酵作用快速降解，降低臭味和有害气体的产生。生物发酵床的厚度为 1.5m。垫料是微生物生长的载体，所用的垫料主要原料是锯末和稻壳，稻壳：锯末比例为 1：1；锯末必须为原木锯末。生物发酵床需要的垫料可以使用其他农作物有机废料替代锯末和稻壳，如甘蔗渣、蘑菇渣、稻草、玉米芯、芦苇秆、白酒糟等以纤维素和木质素为主要成分的废弃物。

C 异位发酵床的运行管理

a 异位发酵床垫料配方

异位发酵垫料应选用通透性、吸水性较好的载体，各地可因地制宜选择来源广泛的垫料资源，如谷壳、木屑、菌糠、秸秆粉等，可单一或混合使用。如采用木屑、谷壳各 1/2，或木屑、谷壳和菌糠各 1/3 比例等，其他填充料可选用不易降解或降解后不会产生二次污染的填充物。发酵垫料应该被搅拌均匀，混合铺平，构成发酵床垫料主体，辅料的添加主要用以调节垫料水分、C∶N、C∶P、pH 值、通透性、高度等。垫料高度通常由设计的墙体、翻堆机决定。加入微生物发酵剂，填入发酵池铺平。异位发酵床添加垫料可连续使用，连续产出有机肥。

b 异位发酵床面积与粪尿处理能力

1t 垫料约 3m³，每个月可以吸纳处理粪污 3.0t。第一次可以吸纳粪污量为垫料干物质量的 10%。每天翻堆 2~3 次，1t 垫料吸收污料中可蒸发水分 10%。按母猪平均粪污产生量 10kg/（头·天）计，每头母猪每个月的粪污量 300kg，即 1t 垫料每个月可以吸纳处理 3 头母猪产生的粪污；育肥猪排泄量为 6kg/（头·天），为母猪排泄量的 60%。异位发酵床设施总面积估算方程：

$$y = (0.78x - 91.83)/4.5$$

式中　y——面积，m^2；

　　　x——猪头数。

c 异位发酵床菌剂选择

目前，异位发酵床菌剂主要由具有较高蛋白酶活性以及代谢生猪养殖排泄的臭味物质的枯草芽孢杆菌、放线菌和光合细菌及霉菌混合制成的复合菌制剂，此类制剂可以有效转化养殖废物中的臭味物质，并将不易消化的成分降解为易于吸收的小分子，此外还能产生菌体蛋白。畜禽粪便中含有一定量的蛋白质、脂肪、无机盐和大量未被消化的纤维素等大量有机物，而养殖场中臭味物质主要由这些有机物发酵分解产生的恶臭物质（包括胺类物质），还有粪便中的臭味化合物甲酚、粪臭素和吲哚等，因此在选择菌种时应挑选耐高温、微好氧菌种，且自我繁殖力强、退化慢、纤维素酶含量低得多菌种复配产品，才能更好地实现异位发酵床优良的功能，提高消纳转化粪污的能力。初次添加使用建议参照菌种说明书，添加使用量为 $50 \sim 1000 g/m^3$。一些堆肥发酵菌剂也可以选择使用。

D 存在的问题及措施

异位发酵床是独立于猪舍而建造的猪粪污处理设施，适用于面积大小不同的传统猪舍，猪群不与垫料直接接触，在猪场的外围建立异位发酵床，将各个猪舍的粪污通过管道，送到异位发酵床，统一发酵处理。垫料选择范围大，发酵处理周期灵活，如需要生产有机肥，发酵时间可以控制在 45 天左右，将有机肥取出后补充垫料，继续运行。如果不急需有机肥，垫料可使用 1 年以上。由于该技术处于示范应用阶段，一些问题需要引起重视，以保证技术实施的效果。

a 源头污水减量化

由于异位发酵床是适应于传统猪舍，又独立于猪舍而建造的猪粪污治理装备，原有水冲舍方式产生的污水量过大，而发酵床处理粪污的容量有限。因此，必须对原有猪舍进行改造，最大程度从源头减少污水产生量：

（1）实行完的雨污分离，在南方多雨地区尤显重要。

（2）收集分离猪饮水洒落水。猪饮水过程中可产生比饮水需要量多 $3 \sim 4$ 倍的洒落水提污水增量的重要来源之一。

（3）粪污收集管路和收集池防渗化。

老旧猪舍粪污收集管路和收集池多简易、开放，防渗效果差。一方面长时间粪污渗漏，会影响猪场周边土壤和水环境，同时地下水位高的地区及多雨季节也会产生反渗，显著增加污水产生量。据估算，上述措施的综合应用，可减少污水产生量 $70\% \sim 90\%$。

b 发酵池建设的规范科学化

发酵池是异位发酵床的重要设施，一定程度上决定了粪污处理的效率。目前发酵池以自行建设为主，缺少科学性。

（1）发酵池的容积与深度。发酵池的大小要与猪场需处理的粪污产生量相匹配。发酵池深度单池以 $70 \sim 100 cm$、多池式以 $150 cm$ 左右为宜。

（2）发酵池底固化、导流沟和集液池。前期建设的单池异位发酵床池底固化的少，极易引起污水向环境土壤下渗，所以必须对发酵池底固化。同时要在池底设导流沟，导出多余污水，以利于垫料发酵。池底要有微坡度，并在池前端设小集液池。

（3）通气设置。通气设置可以增加垫料的透气性，提高粪污处理效率。通气设置可结合导流沟设置同时建设，也可单独设置。

c 异位发酵床管理

发酵床垫料管理仍然是异位发酵床管理的核心，但与原位发酵床不同的是，异位发酵床利用翻堆机进行垫料翻堆。而影响垫料发酵的粪污的添加常是影响发酵效果的重要原因，主要是缺少与垫料处理能力相适应的粪污添加量的控制，多见过量添加的情况出现，造成发酵床变成滤床，丧失发酵功能。因此科学制定异位发酵床的管理规程，使用者明白简单化迫在眉睫。

d 区域、季节有影响

该模式主要适用南方水网地区，周围农田受限的生猪养殖场。该模式的优点在于操作简单容易掌握，无须改变原有圈舍，其尿液、水分蒸发快，粪污中虫卵、病菌杀灭彻底。其缺点是大面积推广垫料收购难，粪便和尿液混合含水量高，发酵分解时间长，寒冷地区使用受限。

液体粪污的处理与资源化

生猪养殖过程中产生的污水主要包括猪排出的尿液（大约占20%）、冲洗水（不同的生产工艺，差异较大大约占10%~30%）、饮水系统渗漏（5%~25%）以及不当的饲喂模式产生的污水。猪的实际排泄物占到总污水量的20%左右。由于不同的生产工艺流程和生产管理水平，猪的实际排泄物占到总污水量的20%~45%左右。要治理好畜禽粪污污染，必须从源头抓起，减少排污量。优化猪场生产工艺流程，必须实施独立的雨水收集管网系统和污水收集管网系统，在保持圈舍干净卫生的前提下，尽量减少冲洗用水。畜禽在饮水的过程中，造成大量的清水受到污染，污水量增加。特别是生猪饮水，如果通过改变饮水方式、调整饮水器的安装位置、优化饮水器结构等可以节省用水量，降低饮水污染，达到清洁饮水目的。多数规模养殖场建在农村地区，用水成本低，大多会忽视节水这一环节，导致用水量增加，污水产生量增多，无形中加大了粪污后续处理与利用的难度。建议推广使用自动饮水装置及回流节水装置，从源头上控制、减少污水产生量，来解决饮水污染和污水产生量大的问题。同时注意优化饮水系统，改直接的鸭嘴式饮水器为饮水碗或者带水位控制器的通槽饮水系统，减少饮水的浪费及猪只要水的几率，利用回流节水装置，是饮水器下方建一接水槽，开孔接入舍外雨水沟，实现废水减量化。减少污水的产生和排放，同时，将粪污进行干湿分离。

养殖粪污水如果利用好了，就是很好的资源，如果利用不好又是严重的污染源。近年来，各地采取了许多种治理方法，但都跳不出沼气和达标排放这两种基本模式，而且大多存在运行不稳定、投资大、运行费用高的问题。另外，沼气模式仅仅是资源化利用，不是环境治理。如果不能妥善处理好沼液、沼渣，则带来的二次污染更难防范。对环境的危害更大，因此养殖场必须结合当地的地理气候、农田储备、自身条件及当地主管部门要求，合理选择治理方式，将污水的资源化利用和达标排放有机地结合起来，以获得良好的生态环境效益、循环经济效益及社会效益。

3.1 液体粪污的收集

3.1.1 收集工艺

猪场液体污水的收集与固体粪污的收集是同时进行的，其收集的工艺通常采用的是同一套粪污收集系统，所以液体粪污的收集也涉及固体粪污的收集工艺中涉及的干清粪、水泡粪、发酵床清粪等清粪工艺，以及刮粪板、漏缝地板等清粪设备。本节内容主要介绍猪场液体粪污收集中在固体粪污收集阶段未涉及相关工艺。

3.1.1.1 雨污分流

雨污分流是指生猪养殖场在新建或改扩建时设置两条不同用途的液沟收集系统。雨水沟用于收集雨水，通常采用明沟形式，污水沟用于收集猪场液体粪污，通常为带盖的暗沟，减少了废气臭气的排放和其他废物进入粪污的机会，是粪水进入猪场污水处理系统中的收集设施，从而最大限度地减少了后端处理压力。

严格做到粪污处理处理设施与猪舍建设等主体工程同时进行施工的原则，从圈舍设计、施工建设、粪污处理工程、改造等方面入手，配套建设排水沟、排污管道、粪尿收集池、沉淀池等设施，房顶和地面的雨水经排水系统排入河道或农田，干粪收集到集粪池，尿液及清洗圈舍的污水由排污管道进入沉淀池或沼气池内，做到从生产的源头上减少粪污产生量，控制进入沼气池、沼液存储池的水量，实现雨污分流、清污分流，减轻粪污处理的难度和成本。

A 雨水沟

目前，规模猪场主要推广碗式、碟式自动饮水器等节水养殖技术，通过改进生猪饮水系统，增加防漏设施设，最大限度地减少生猪在养殖过程中的用水量。通常饮水器下部设计水泥槽将饮用漏水通过专用管道导入清水管，避免饮用漏水进入粪水处理系统，或者采用嵌入式饮水装置将饮水器装在嵌有导水系统内。雨水沟通常内径宽度200cm，深300cm，坡度0.5%向雨水主沟倾斜，砖砌或石砌，水泥抹面。实例雨污分离设施和饮水碗如图3-1、图3-2所示。

B 污水沟

猪舍内的污水沟（漏缝沟）一般沟宽50cm，沟深30cm，排粪水沟的坡降控制在5°左右，上画选择铺设水泥漏缝地板、铸铁漏缝地板或者塑料漏缝地板等构件。舍外的污水沟，通常为带盖的暗沟，根据猪场养殖规模、饲养方式的不同，通常采用大小不等的PVC塑料管预埋入地下50cm以下，防止雨水混入，减少粪水排放。污水沟的设施设计宜简单为宜，不要让粪水在场区内绕圈，以便粪水能够迅速进入粪水收集池或收集塘，同时根据区间排粪污管长度设置一定数量检查井，以防堵塞。实例猪舍排污沟如图3-3所示。

3.1.1.2 固液分离

固液分离是粪便处理的预处理工艺，通过采用物理或化学的方法，粪便中的固体粪便与液体粪便分开，使粪水中的悬浮物、长纤维、杂草等分离出来，降低粪水中的COD。粪便经过固液分离后，固体部分便于运输、干燥、制成有机肥，液体部分不仅易于输送、存贮，而且由于液体部分的有机物含量低，也便于后续

图 3-1 雨水收集设施

图 3-2 乳头式饮水器带饮水碗

处理。目前的固液分离主要采用化学沉降、机械筛分、螺旋挤压、卧螺离心脱水等方法。猪舍排污沟、排污管如图 3-3，图 3-4 所示，螺旋挤压式固液分离机如图 3-5 所示。

图 3-3　猪舍排污沟

图 3-4　排污管

3.1.2　收集设施设备

3.1.2.1　固液分离机安装台

安装台的基本功能是为固液分离机提供安装固定平台，并留出足够的固体干

图 3-5　螺旋挤压式固液分离机

粪临时的存储空间，同时使固体干粪在分离后的降落过程中降低固体含水率。可以根据固体干粪两次清理的时间间隔、运输机械的高度来选择安装平台的高度。固液分离平台可以是钢结构的，也可以是钢筋混凝土结构的，但其平台尺寸、落料口位置等应与分离机结构尺寸相匹配。

3.1.2.2　固液分离机

目前，市场上使用的固液分离设备分为沉降分离设备和机械分离设备两大类。沉降分离是利用重力作用自然沉降的分离方式。沉淀池是最常用的设备，其优点是不需要外加能量，工艺简单，投入和运行成本低，缺点是液体粪污在沉淀池中停留时间长，沉淀渣含水量高。斜板筛分离心机应用固体物自身的重力把粪水中的固体物分离出来，主机由均料箱、不锈钢筛网、筛板箱和机架组成，没有传动件和动力。其优点是投入成本低、运行费用低、结构简单和维修方便，缺点是固体废弃物去除率较低，分离出来的固体废弃物含水率大，筛孔易堵，需要经常清洗。

挤压式分离机是将通过挤压，将粪污的固体和液体分开，主要有机体、网筛、挤压绞龙、电机等组成。其优点是自动化水平高、操作简单易维修、日处理量大、噪声低，分离出的固体物含水量低、不易堵塞，缺点是粪浆中水分含量过高会导致喷浆等故障，另外，挤压式固液分离及购买成本及运行费用较高。

机械分离方法是目前最广泛使用的、技术相对成熟的固液分离方法。常用的机械分离机有筛分离机、挤压分离机和离心分离机等。通过无堵浆液泵将粪水抽送至主机，经过挤压螺旋绞龙将粪水推至主机前方，物料中的水分在边压带滤的作用下挤出网筛，流出排水管，分离机连续不断地将粪水推至主机前方，主机前方压力不断增大，当大到一定程度时，就将卸料口顶开，挤出挤压口，达到挤压出料的目的，通过主机下方的配重块，可根据不同需求调节工作效率和含水率。分离出的猪粪水可以直接排放到沼气池进行沼气的发酵，发酵后的猪粪渣液是非常好的有机肥液，也可以排放到曝气池进行曝气环保处理。固体干猪粪由出料口挤出，可作为有机肥的原料等。

离心分离机是利用固体悬浮物在高速旋转下产生离心力的原理使固液分离的一种设备。其优点是分离效果好，固体物含水低。缺点是设备昂贵，耗能大，维修困难。

3.1.2.3 搅拌机

主要用于对粪尿混合液进行混合、搅拌和环流，提高泵送能力，有效阻止粪便中悬浮物的沉积，避免造成管路的阻塞，提高固液分离效率。搅拌机通常宜选择材质耐腐蚀性强、功率适合的搅拌机，以满足分离机使用生产的需求。实例搅拌机如图 3-6 所示。

图 3-6 搅拌机

3.1.2.4　切割进料泵

主要用于为固液分离机进料创造一个稳定的进料环境。切割泵能有效切碎粪便中较大的杂质，同时还配备有专用提升系统，安装、拆卸方便，在不排空池水的情况下，也可实现设备的安装和检修。

3.2　液体粪污的储存

3.2.1　选址与布局

畜禽养殖场产生的液体粪污应设置专门的贮存设施，液体粪污的储存池应设在场区主导风向的下风向或侧风向，与畜禽养殖场生产区相隔离，满足防疫要求，畜禽粪便贮存设施位置必须距离地表水体400m以上。贮存设施应设置明显标志和围栏等防护措施，保障人畜安全。液体粪便贮存设施最小容积为贮存期内粪便产生量和贮存期内污水排放量的总和。对于露天液体粪便贮存时，必须考虑贮存期内的降水量，同时，为了降低粪臭的排除及减少对周边环境的污染，液体粪液贮存池必须配备盖子，将粪液加以密闭。贮存的粪液用于灌溉还田时，畜禽粪便贮存设施最小容量不能小于当地农业生产使用间隔最长时期内养殖场粪便产生总量。根据畜禽养殖场区的面积、规模以及远期规划选址建造地点，并做好以后扩建的计划。满足畜禽养殖场总体布置及工艺要求，布置紧凑，方便施工和维护。

3.2.2　规模要求

畜禽养殖污水贮存设施容积 $V(\mathrm{m}^3)$ 可计算：

$$V = L_\mathrm{w} + R_0 + P$$

式中　L_w——养殖污水体积，单位为立方米，m^3；

　　　R_0——降雨体积，单位为立方米，m^3；

　　　P——预留体积，单位为立方米，m^3。

养殖污水体积、降雨体积、预留体积的分别计算。

A　养殖污水体积（L_w）

养殖污水体积 $L_\mathrm{w}(\mathrm{m}^3)$ 可计算：

$$L_\mathrm{w} = NQD$$

式中　N——动物的数量，猪和牛的单位为百头，鸡的单位为千只；

　　　Q——畜禽养殖业每天最高允许排水量，猪场和牛场的单位为立方米每百头每天，$\mathrm{m}^3/（百头·天）$；

D——污水贮存时间，单位为天，d，其值依据后续污水处理工艺的要求确定。

B　降雨体积（R_0）

按 25 年来该设施每天能够收集的最大雨水量（m³/天）与平均降雨持续时间（d）进行计算。

C　预留体积（P）

宜预留 0.9m 高的空间，预留体积按照设施的实际长和宽以及预留高度进行计算。

3.2.3　类型和形式

污水贮存设施有地下式和地上式两种。土质条件好、地下水位低的场地宜建造地下式贮存设施；地下水位较高的场地宜建造地上式贮存设施。根据场地大小、位置和土质条件确定，可选择方形、长方形、圆形等形式。地面贮存池最好选用圆形的，这样占用最小的地面面积可以修建最大容量的贮存池，贮存池的内壁和底面应做防渗和防压处理，底面高于地下水位 0.6m 以上，高度或深度不超过 6m。

3.2.4　其他要求

地下污水贮存设施周围应设置导流渠，防止径流、雨水进入贮存设施内。进水管道直径最小为 300mm。进、出水口设计应避免在设施内产生短流、沟流、返混和死区。地上污水贮存设施应设有自动溢流管道。污水贮存设施周围应设置明显的标志和围栏等防护设施。设施在使用过程中不应产生二次污染，其恶臭及污染物排放应符合 GB-18596 的相关规定。制定检查日程，至少每 1 周检查两次，防止意外泄漏和溢流发生。制定应急计划，包括事故性溢流应对措施，做好降水前后的排流工作制定底部淤泥清除计划在贮存设施周围进行绿化工作，按 NY/T1169 相关要求执行。

3.2.5　粪水的转运

粪污传输方式是指粪污从猪舍转运到猪场内的粪污集中处理点所用的方式。一般可分为粪沟传输、管道传输以及清粪车传输。其实每种方式都有自己的优势和不足，但是应当注意的是，无论哪种方式都应满足以下几方面的要求，首先要在传输过程中做到雨污分流，因为雨水是比较干净的水，是没有被污染的水，按照环保要求是完全可以直接排出养殖场的。如果养殖场内做不到雨污分流，把干净的雨水污染了，雨水就不能直接排出场外，直接对后续的处理工作造成巨大影响。其次就是要做到防渗漏，所谓的防渗漏是指在粪污的传输过程中不能有污水向地下渗漏，防止粪污对地下水的污染。这两方面对于用输送管道和清粪车传输粪污来讲，比较容易做到，但用排粪沟传输粪污的猪场就一定要注意。再次就是粪污传输系统一定要经常防堵塞，防止冬季因结冰而堵塞。无论是排粪沟还是管道都应多留观察口，一般在20m左右留一个观察口，可以适当减少拐弯，在必须有拐弯时可以预留渗池，进行一定的沉淀处理。

3.3 液体粪污的处理

对于污水的处理，归纳起来主要分为3个技术途径：（1）源头减量技术；（2）无害化处理后资源化利用；（3）净化达标排放或回用。其中有关养猪场污水处理资源化与净化技术，已有大量文献报道，其主要技术有厌氧产沼气技术、UASB+SBR+氧化塘组合处理、人工湿地、化学去除法和介质物理吸附法等等。这些方法和技术能对养殖污水进行有效处理，但对于一些地区，受到投资和运行成本、气候条件、占地面积、环境要求等因素限制，在推广应用时还是存在着诸多困难。源头减量技术具有投资成本低、运行管理相对简单与减排效率高等特点，起到事半功倍的效果，因此受到养殖企业与环境工作者更多的关注。源头减量主要包括饲料优化、清扫方式、固液分离技术、发酵床等技术、新型猪舍改良。

通过饲料优化可以一定程度上减少排泄物量以及降低粪、尿中氮磷等养分浓度，能显著减少氮磷排放，但难以减少最难处理的污水量；采用干清粪与水冲洗的方法，可以实现固液分离，显著减少污水量及污水中污染物浓度，但排放的污水中污染物负荷仍然较高，即使通过进一步的机械固液分离，也远远超过一般污水生化处理所能达到的浓度。发酵床养猪技术是近年来推广应用较为成功的一项养殖场污染物减排技术，但若对于已经建成的养猪场进行改造，需要大笔资金。国内外有很多关于粪污减排的猪舍（圈）改良研究，设计出不同的新型猪圈、新型垫料或新型建筑材料等。以上方法都是养猪场污染物源头减量的好方法。

3.3.1 液体粪污处理概况

生猪养殖场液体粪污的处理系统通常包括预处理（固液分离、沉淀、贮存池）、生化处理（氧化塘、各类型的生化反应器）两部分，根据不同的养殖场的养殖规模和不同的处理工艺，以及其最终的液体性状，采用农田灌溉、还田利用、清洁回用或达标排放等方式进行利用。预处理部分主要涉及猪场粪污的收集和储存，在本书的前部分已经阐述，这里主要介绍生化处理部分。

生化处理工艺是依赖不同氧浓度条件下优势菌种的生化作用等完成对污水处理的工艺。猪场液体粪污常见的生化处理法可分为自然生化处理和人工生化处理两类，其中人工生化处理有可分为人工好氧生化处理和人工厌氧生化处理（人工厌氧生化处理详见第 2 章）。常见的猪场液体污水处理方式见表 3-1。

表 3-1 猪场液体粪污常见处理方式

处理工艺	措施与环节	优缺点	利用方式
自然生化处理	氧化塘、湿地等	投资小，耗能低、效率低，占地大、易污染	污水回用或还田
人工好氧生化处理	活性污泥、氧化沟等	净水效率较高、投资相对大	出水还田
人工厌氧生化处理	沼气池等	运行费用相对低、产生恶臭气体	出水还田，用作沼肥施用
人工厌氧～好氧生化处理	沼气池、氧化沟等	投资大、净化效果好	还田、清洁回用、达标排放等

3.3.1.1 废水自然处理技术、还田利用模式

自然处理技术是利用天然水体、土壤和生物的物理、化学、综合作用来净化污水。自然处理方法主要模式有：氧化塘、土壤处理法、人工湿地处理法等。以氧化塘为例，依靠藻类和菌类的生长繁殖，好氧性细菌消耗污水中的有机质，产生氨气和二氧化碳等物质，藻类则利用这些物质进行生长，释放氧气，供好氧细菌利用，从而形成一套共生系统，持续不断地净化水体。

3.3.1.2 废水厌氧发酵、渣液还田模式

对干清粪工艺或干湿分离设备分离出来的废水进行厌氧发酵，生产的沼气用于生产生活或发电，沼气沼液作为农田水肥利用，属于"能源生态型"处理利用工艺。

3.3.1.3 厌氧-好氧-达标排放模式

该模式的废水"厌氧反应池"之前的工艺与"废水厌氧发酵处理、渣液还田模式"是完全一致的，所不同的是厌氧反应池之后增加了好氧处理系统、自然处理系统和消毒等深度处理工艺，出水可达标排放或用于农田灌溉。

3.3.2 废水减排源头控制技术

养殖污水的来源是多方面的，如果猪场污水产量越大，后续的处理难度越大，处理的量越大，这就意味着粪污处理的设施容量也要大，处理的产能也要大，但是受土地限制，只有控制源头、控制水。控制水就要控制饮水、尿液、饮水器漏水、夏季降温时用水以及转群时消毒用水等，这都是构成了猪场的废水，

由此分析哪部分是可以节省的，用水环节能够节省水的话，就会大大地减少最终的处理量。将饮水器改为碗式饮水器，冲刷使用高压水枪，大大减少了污水量。厌氧也是很有效的处理废水的方法。

3.3.3 自然生化处理

猪场粪污通过固液分离、沼气发酵后，沼气用作生产生活能源使用，沼液部分用作肥料直接还田。在还田不能利用的季节或还田有剩余的情况下，多余的沼液采用氧化塘、人工湿地或土地处理。污水自然生化处理其本质为氧化塘工艺。这种模式适用于气候温暖、土地富足、低价较低地区的生猪养殖场。同时，猪场规模也不宜过大，以年出栏两万头以下的育肥猪为宜，采用干清粪工艺清粪，要求冲水量不宜太多。氧化塘通常是通过天然的或经人工修整的有机废水处理池塘，该工艺主要依靠塘内微生物生化作用来降解水中污染物，其处理污水的过程实际是一个塘内水体自净的过程。氧化塘按照塘内占优势的微生物种属和相应的生化反应的不同，可分为好氧塘、兼性塘、厌氧塘、水生植物塘和曝气处理塘五种类型。氧化塘以其投资小、运行费用低、耗能少、氧化污水可回用从而实现污水资源化受到广泛采用。

猪场液体污水在氧化塘净化过程中，包含了沉淀、凝聚等物理作用，氧化、还原等化学作用过程，并有微生物参与其中。污水进入氧化塘内，首先受到塘水的稀释污染物扩散到塘水中从而降低了污水中污染物的浓度，污染物中的部分悬浮物逐渐沉淀至塘底成为污泥，使污水污染物质浓度降低。随后，污水中可溶解的和胶体性的有机物在大量繁殖的菌类、藻类、水生动物、水生植物的作用下逐渐被分解。主要利用氧化塘的藻、菌共生体系以及土地处理系统或人工湿地的植物、微生物净化污水中的污染物。由于生物生长代谢受温度影响巨大，其处理能力在冬季较差，不能保证处理效果。因此，在采用该模式处理猪场污水时，应该充分考虑越冬问题，可以采用如下措施：对人工湿地采取保暖措施，如使用植物覆盖或者地膜覆盖，通过保温保暖、减缓植物的休眠，以改进人工湿地在寒冷季节的处理效果；增加沼液贮存设施的容积，避开寒冷季节或减少寒冷季节的污水的处理量，以期污水处理达到较好的处理效果；在氧化塘中设置填料，增加曝气，强化好氧微生物的净化效果；利用生物砂滤池替代人工湿地，研究表明新型生物砂滤池在气温 2~10℃时，是同等条件下氧化塘的 5.3 倍，潜流人工湿地的14.7 倍，但是，很容易堵塞，需要专人管理。

氧化塘的优点在于系统的基建投资少，运行管理简单，耗能很少。在一定条件下，氧化塘污水可回用进行猪舍冲洗或灌溉。在猪场附近有废弃的沟糖、滩涂和可供利用且能满足净化要求的前提下，宜尽量采用此方法。其缺点是占地面积大一个出栏万头猪场，沼液处理需要的氧化塘面积大约30多亩；处理效果受到季节影响大，寒冷季节处理效果不好；整个处理系统面积较大，污染地下水的风险加大，因此，氧化塘、人工湿地必须做好防渗漏处理。

3.3.3.1 好氧塘

好氧塘是稳定塘的一种。好氧塘的水深一般为 0.5m 左右，太阳光能够穿透塘底，适宜塘内藻类生长，在光合作用下，塘中溶解氧充足、好氧微生物活跃、BOD 去除效率较高。好氧塘是各类氧化塘的基础，一般各种氧化塘的最终出水都要经过好氧塘。好氧塘可以应用于脱氮、溶解性有机物的转化与去除，也可以对二级生物处理出水进行深度处理，好氧塘的最大缺点是出水中藻类含量高，易造成二次污染。好氧塘可分为高负荷好氧塘，普通好氧塘和深度处理好氧塘好氧塘设计建造时多采用矩形塘，长宽比为 3∶1~4∶1。其中高负荷好氧塘塘深为 0.3~0.45m，普通好氧为 0.5~1.5m，深度处理好氧塘为 0.5~1.5m 好氧塘的超高取为 0.6~1.0m。通常塘内坡度 1∶2~1∶3，塘外坡度为 1∶2~1∶5，好氧塘的座数一般不少于 3 座，至少为 2 座。单塘面积一般不得大于（0.8~4.0）m× 10^4m^2。不同类型好氧塘设计参数见表 3-2。

表 3-2 好氧塘设计参数

设计参数	高负荷好氧塘	普通好氧塘	深度处理好氧塘
水力停留时间/d	4~6	1~40	5~20
有效水深/m	0.3~0.45	0.5~1.5	0.5~1.5
pH 值	6.5~10.5	6.5~10.5	6.5~10.5
出水 SS/mg·L^{-1}	15~300	8~140	1~30
藻类浓度/mg·L^{-1}	10~260	4~100	5~10
BOD_5 去除率/%	8~95	8~95	6~80
温度范围/℃	5~30	0~30	0~30

好氧塘一般采用较低的有机负荷值，溶解氧高于 1mg/L，阳光能透到池底，深度一般在 0.3~0.5m，阳光透射强。负荷低的塘深最高可达 1.0m。塘内存在藻、菌及原生动物的共生系统，在阳光照射时，藻类的光合作用释放出氧，塘表面也由于风力的搅动进行自然复氧，使塘水保持良好的好氧状态。水中生存的好氧异养型微生物通过其代谢活动对有机物进行氧化分解，而它的代谢产物 CO_2 又作为藻类光合作用的碳源。藻类摄取 CO_2 及 N、P 等无机盐类，利用太阳光能合成细胞质，同时释放出氧。好氧塘内的生物相，在种类与种属方面比价丰富，植物性微生物有菌类和藻类，动物性微生物有原生动物、后生动物等微型动物。细菌数相当可观，可高达 $10^8~5×10^9$ 个/mL。

好氧塘根据有机物负荷率的高低，分为高负荷好氧塘、普通好氧塘和深度处理好氧塘（熟化塘）三种。高负荷好氧塘的有机物负荷率较高，污水停留时间短，塘水中藻类浓度较高，这种塘仅适于气候温暖、阳光充足的地区，常用于可生化性好的工业废水处理中。普通好氧塘，有机负荷较前者低，常用于城市污水的处理。深度处理好氧塘，是以处理二级处理出水为对象的好氧塘，有机负荷很低，水力停留时间较长，处理水质良好。

好氧塘中的水质由于藻类的生命活动呈昼夜变化。在白昼，藻类光合作用放出的氧超过细菌降解有机物所需的氧，导致塘水中氧的含量增高，甚至达到饱和状态；晚间藻类光合作用停止，进行有氧呼吸，水中溶解度浓度下降，在凌晨时最低；阳光开始照射时，光合作用开始，水中溶解氧再次上升。在好氧塘内，pH 值也是昼夜变化的。在白昼，由于光合作用，藻类吸收二氧化碳，pH 值上升；夜晚光合作用停止，有机物降解产生的二氧化碳溶于水中，pH 值下降。当好氧塘内藻类过多时，可导致晚上塘水中溶解氧浓度过低，引起塘水中水生生物（如鱼类）因缺氧而窒息死亡，或 pH 值变化过大抑制生命活动。污水处理的好氧塘，应控制一定的有机负荷，使藻类的生长繁殖和提供的氧量，与有机物降解提供藻类所需的营养物质和需要消耗的氧量之间达到相互平衡。

好氧塘的优点是处理效率高，污水在塘内停留时间短，但进水应进行比较彻底的预处理以去除可沉悬浮物，防止形成污泥沉积层。好氧塘的缺点是占地面积大，出水中含有大量的藻类，需进行除藻处理。除藻装置有微孔过滤、絮凝沉淀、碎石或砂滤池过滤等，如果建除藻装置，则将使塘系统变得复杂并且需要较高的基建和运行费用，从而使塘系统失去固有的低成本和运行简易的优势。为避免建除藻装置，可在好氧塘系统种植水生植物和养殖水产，利用高等水生动物捕食水中的食物残屑和浮游动物，控制藻类繁殖，在塘中形成多条食物链，发挥各类生物的联合作用，既净化了污水又可回收资源。

3.3.3.2 兼性塘

兼性塘是最常见的一种污水氧化塘，其中控制出水塘和贮存塘属兼氧塘类型，塘深通常为 1.2~2.5m。所谓兼性塘是指塘内好氧和厌氧两个过程兼而有之，塘中存在不同的几个区域，上层为好氧区，该区阳光充足，藻类易繁殖，氧含量充足，好氧菌较为活跃。底层为厌氧区，该区有污泥积累，氧含量几乎为零，主要是厌氧菌代谢有机物的区域。中层为兼性区，是位于好氧区和厌氧区中间的过渡区，该区存在大量兼性菌。兼性塘可以处理原污水或经过预处理的污水，易于运行管理，其有机负荷不如好氧塘高，出水水质也不如好氧塘好，但其塘较深，占地面积相对较少，通常作为好氧塘的前级处理塘。

在兼氧塘内进行的生化反应比较复杂，生物相也比较丰富。好氧层进行的生物代谢及生物种群与好氧塘基本相同，藻类浓度一般低于好氧塘，但由于污水的停留时间长，有可能生长繁育不同种属的微生物，其中包括世代时间较长的种属，如硝化菌。兼氧层白昼进行的各项反应与好氧层相似，夜间则与厌氧层相似。在厌氧层，与一般的厌氧反应相同，是在产酸、产氢产乙酸和产甲烷三种细菌的连续作用下，相继发生产酸、产氢产乙酸和产甲烷三个阶段的反应。液态代谢产物如氨基酸、有机酸等与塘水混合，再通过好氧菌所分解。而气态的代谢产物，如 CO_2、CH_4 等为藻类所利用或逸出水面。据估算，约有 20% 左右的 BOD 是在厌氧层去除的。此外，通过厌氧发酵反应可以使沉泥得到一定程度的降解，减少塘底污泥量。

兼氧塘的主要优点是由于污水的停留时间长，对水量、水质的冲击负荷有一定的适应能力；在达到同等处理效果条件下，其建设投资与维护管理费用低于其他生物处理工艺。因此，兼氧塘常被用于处理一级沉淀出水，但出水质量有一定限度，通常出水 BOD_5 为 20~60mg/L，SS 为 30~150mg/L。对于高浓度有机废废水，常设在厌氧塘之后作二级处理塘使用。由于兼氧塘在夏季允许的有机负荷要比冬季高得多，因而特别适用于处理在夏季进行生产的季节性废水。

3.3.3.3　厌氧塘

厌氧塘通常只能作为预处理环节，常布置于氧化塘系统的首端，用于去除较高的 BOD 和 COD。厌氧塘处理污水的原理与污水的厌氧生物处理基本相同，利用厌氧微生物在厌氧状态下，进入厌氧塘的有机物首先被水解为可溶性的有机物，再通过产酸菌转化为乙酸，接着在产甲烷菌的作用下，乙酸转变为甲烷和二氧化碳。影响厌氧塘处理效率的因素包括气温、水温、进水水质、污泥成分等，其中气温和水温是影响厌氧塘处理效率的主要因素。厌氧塘除了对污水进行厌氧处理降低 BOD 和 COD 以外，还起到污水初次沉淀、污泥消化和污泥浓缩的作用。厌氧塘作为氧化塘的一种形式，一般设置于氧化塘系统的首端，以减少后续处理的难度。厌氧塘的优点在于处理效率较高。缺点是沼气（甲烷）回收难度较大、恶臭难以防治。实例厌氧塘见图 3-7。

厌氧塘较深，一般在 2.5m 以上，最深可达 45m，有机负荷较高，有机物降解需要的氧量超过了光合作用和大气复氧所能提供的氧量，使塘呈厌氧状态。厌氧塘的有机负荷一般 BOD_5 可达 40~100g/($m^3 \cdot d$)，塘的占地面积较小。主要生化反应是产酸发酵和产甲烷，因此厌氧塘产生臭味，环境条件差，处理后出水不能达到排放要求。厌氧塘一般在污水 BOD_5 大于 300mg/L 时设置，通常置于塘系统首端，将其作为预处理与兼性塘和好氧塘组合运行，其功能是利用厌氧反应高效低耗的特点去除有机物，保障后续塘的有效运行。

厌氧塘依靠厌氧塘的代谢功能使有机污染物得到降解，因此，厌氧塘在功能

图 3-7　厌氧池

上受厌氧发酵的特征所控制，在构造上也服从厌氧反应的要求。参与反应的生物类群只有细菌，在系统中共存有产酸发酵细菌、产氢产乙酸菌和产甲烷细菌等。根据三种微生物在生理和功能上的特征，必须使三个阶段之间保持平衡，为此，要控制有机污染物的投入，使有机负荷处于适宜的范围内，一般此值应通过试验确定。有机酸在系统中的浓度应控制在 3000mg/L 以下；pH 值要介于 6.5～7.5 之间；C∶N 一般应在 20∶1 的范围内；污水中不得含有能抑制细菌活性的物质，如重金属和有毒物质等；产甲烷细菌对温度有比较严格的要求，应当考虑采取措施，使塘内温度不要有剧烈的变动。厌氧塘水温接近于 30℃，BOD_5 去除率约为 60%～70%，但水温一旦低于 15℃，BOD_5 的去除率就急剧下降。厌氧塘多用于处理高浓度有机废水，通常污水进入厌氧塘前应设格栅进行预处理，此外厌氧塘的出水有机物含量仍很高，需要进一步通过兼氧塘和好氧塘处理。以厌氧塘为首塘作为稳定塘系统的预处理构筑物其优点是污染物可降解 20%～30%，因而可减小后续兼氧塘和好氧塘的容积；厌氧可使部分难降解有机物转化为易降解有机物，有利于后续塘处理；废水通过厌氧塘后可消除后续塘的漂浮物和减小底泥淤积层厚度。厌氧塘的缺点主要是厌氧塘内污水的污染物浓度高，深度大，易于污染地下水，因此，必须采取防渗措施；厌氧塘一般多散发臭气，应使其远离住宅区，一般应在 500m 以上；厌氧塘水面上可能形成浮渣层，浮渣层对保持塘水的温度有利，但有碍观瞻，而且在浮渣上滋生小虫，环境卫生条件差，应采取适当措施加以控制。当土质和地下水条件许可时，可采用深度较深的超深厌氧塘。面积小而深度大的厌氧塘的优点是保温效果较好，可减少冬季塘表面的热量散失和季节变化对处理效率的影响；深塘能减少占地面积，减少表面复氧进入塘内的氧量，改善塘内厌氧微生物的生存条件，对于多级小而深的塘，出水的悬浮物浓度较低，并且运行灵活；深塘有利于底泥增稠。

3.3.3.4 水生植物塘

水生植物氧化塘适宜种植水葫芦、水浮莲等去污能力较强的水生植物。在水生植物塘中，氮和磷等营养物质去除的重要途径便是通过植物体的吸收同化作用。水生植物都具有表面积很大的根（茎）网络，为微生物的附着、栖息、繁殖提供了场所和条件，构成起一个以微生物为核心的生态系统，在微生物的作用下，最终形成无害的氮气。水生植物塘具有较高的去污效能，通常为矩形塘，长宽比应足够大，宽度应满足水生植物易于放养、打捞，并使塘系统在可控条件下良性运行。实例水生植物塘见图 3-8。

图 3-8 水生植物塘

3.3.3.5 曝气塘

曝气塘是经过人工强大的稳定塘，曝气塘原理是利用机械曝气机为氧化塘提供所需要的充足氧气，包括完全混合曝气塘和部分混合曝气塘两种形式，塘深一般为 3~4m，具体设计指标见表 3-3。曝气塘适用于土地面积有限，不足以建成完全以自然净化为特征的塘系统的场合，或由超负荷的兼氧塘改建而成，目的在于使出水达到常规二级处理水平。由于曝气增加了水体流动，会引起藻类停止生长而大大减少。曝气塘可分为好氧曝气塘和兼氧曝气塘两类，主要取决于曝气装置的数量、设置密度和曝气强度。曝气装置多采用表面机械曝气器，也可以采用鼓风曝气系统。当曝气装置的功率较大，足以使塘水中全部污泥都处于悬浮状态，并提供足够的溶解氧时，即为好氧曝气塘。如果曝气装置的功率仅能使部分固体物质处于悬浮状态，而有一部分固体物质沉积于塘底进行厌氧分解，曝气装置提供的溶解氧也不敷全部需要，则为兼氧性曝气塘。

表 3-3　曝气塘系能指标

塘型	BOD_5 表面负荷/kg·(hm²·天)⁻¹			水力停留时间/d	塘深/m	处理效率/%	比功率/W·m⁻³
	I	II	III				
部分混合型	50~100	100~200	200~300	2~5	3~5	60~80	1~2
完全混合型	100~200	200~300	200~400	1~3	3~5	70~90	5~6

曝气塘虽属于稳定塘的范畴，但又不同于其他以自然净化过程为主的稳定塘，是介于活性污泥法中的延时曝气法与稳定塘之间的处理工艺，实际上相当于没有污泥回流的活性污泥工艺系统。由于经过人工强化，曝气塘的净化功能、净化效果以及处理效率都明显地高于一般类型的稳定塘。污水在塘内的停留时间短，所需容积及占地面积均较小，这是曝气塘的主要优点。由于采用人工曝气措施，能耗增加，运行费用也有所提高，仍然大大低于活性污泥法。同时由于出水悬浮物浓度较高，使用时可在其后设置兼氧塘来改善最终出水水质。通常情况下曝气塘一般不少于 3 座，串联运行，单塘面积不大于 40000m²。塘内污水流态为完全混合型，有机物在塘内的降解呈一级反应，无污泥回流。曝气塘一般采用表面曝气，根据进水与出水的 BOD_5 值计算出整个系统的生化需氧量，按与活性污泥法相同的方法计算出日需氧量 Δ_{O_2}，然后按下式计算出表面曝气机所需要的功率 $P(\mathrm{kW})$：

$$P = \frac{\Delta_{O_2}}{24N} \times 0.75$$

式中，N 为表面曝气机每 $1\mathrm{kW \cdot h}$ 的供氧量。求出表面曝气机总功率后，需要确定各塘中曝气机的台数。通常在同一能量输入的条件下，完全混合区的影响直径比氧扩散区的影响直径小得多，多个较小的曝气机比一个大的曝气机更有利于塘水的混合。

3.3.4 人工生化处理工艺

人工生化处理分为人工好氧和厌氧生化处理两类。人工好氧生化处理方法是采取人工强化措施来净化废水。该工艺主要有活性污泥法和生物膜法，主要包括生物滤池处理、生物转盘处理、生物接触氧化处理、序批式活性污泥（SBR）处理等。好氧处理工艺主要依赖好氧菌和兼性厌氧菌的生化作用来完成处理过程。在畜禽粪便污水处理中，由于所处理的污水有机物含量通常较高，当对处理污水有一定要求时，只采用好氧处理很难达到排放或再利用的标准，通常会将好氧处理方法与厌氧处理方法并用，对出水进行进一步处理。下面就在畜禽粪便污水处理中常用的几种好氧工艺进行介绍。

3.3.4.1 完全混合活性污泥法

活性污泥法是应用最广泛的好氧生化处理技术，其主要处理设施由曝气池、二次沉淀池、曝气系统以及污泥回流系统等组成。猪场粪水经初次沉淀池后与二次沉淀池底部回流的活性污泥同时进入曝气池，通过曝气后活性污泥已呈为悬浮状态，再与粪水进行充分接触，粪水中的悬浮固体和胶状物质则被活性污泥吸附，而粪水中的可溶性有机物则被活性污泥中的微生物利用，用于自身生长繁殖，并氧化生成 CO_2。非溶解性的有机物则须先转化为溶解性有机物，才能被代谢和利用。净化后的粪水与活性污泥在二次沉淀池内通过沉淀实施分离，分离出的上层水有管道排放，分离浓缩后的污泥则部分又返回曝气池，使池内维持一定浓度的活性污泥，其余则为污泥通过系统排出。完全混合式曝气池使粪水进入曝气池后与池中原有的混合液充分混合，因此池内混合液的组成、F/M 值、微生物群的量和质均是完全一致的。其优点在于承受冲击负荷的能力较强，能节省运行动力，不需要再单独设置污泥回流系统，运行管理简便。缺点是可能会造成系统短路，容易引起污泥膨胀。

3.3.4.2 序批式活性污泥法

序批式活性污泥法又称 SBR 法，是活性污泥法的另一种形式。该方法在运行中采用的是间歇式的形式，反应池也是一批一批地处理粪水。由于 SBR 法运行操作具有高度的灵活性，在许多场合都能代替连续活性污泥法，达到与连续活性污泥法相同或相近的作用，因此 SBR 可以模拟完全混合式和推流式的运行模式。整个 SBR 法工艺过程由进水、曝气、沉淀、排水和闲置等工序构成，粪水在同一个反应池中按工艺流程依次进行周期性运转。该工艺的主要优点是既能去除有机污染物，又能去除氮、磷；同时还可免除二沉池和污泥回流设施，具有流程简单、管理方便、投资较少、运行费用低、占地少、泥水分离效果好等优点。

此外厌氧消化液直接用 SBR 处理，NH₃-N 去除效果较好。

主要工艺设备包括排水设备、曝气设备和混合搅拌设备等。SBR 工艺反应池的排水设备宜采用滗水器，包括旋转式滗水器、虹吸式滗水器和无动力浮堰虹西式滗水器等。滗水器性能应符合相应产品标准的规定，若采用旋转式滗水器应符合 HJ/T 277 的规定。滗水器的堰口负荷宜为 20~35L/（m·s），最大上清液滗除速率宜取 30mm/min，滗水时间宜取 1.0h。滗水器应有浮渣阻挡装置和密封装置。滗水器不应扰动沉淀后的污泥层，同时挡住水面的浮渣不外溢。SBR 工艺选用曝气设备时，应根据设备类型、位于水面下的深度、水温、在污水中氧总转移特性、当地的海拔高度以及生物反应池中溶解氧的预期浓度等因素，将计算的污水需氧量换算为标准状态下污水需氧量，并以此作为设备设计选型的依据。曝气方式应根据工程规模大小及具体条件选择。恒水位曝气时，鼓风式微孔曝气系统宜选择多池共用鼓风机供气方式，或采用机械表面曝气。变水位曝气时，鼓风式微孔曝气系统宜采用反应池与鼓风机一对一供气方式，或采用潜水式曝气系统。曝气设备和鼓风机的选择以及鼓风机房的设计参照 GB 50014 的有关规定执行。单级高速曝气离心鼓风机应符合 HJ/T 278 的规定，罗茨鼓风机应符合 HJ/T 251 的规定，微孔曝气器应符合 HJ/T 252 的规定，机械表面曝气装置应符合 HJ/T 247 的规定，潜水曝气装置应符合 HJ/T 260 的规定。混合搅拌设备应根据好氧、厌氧等反应条件选用，混合搅拌功率宜采用 2~8W/m³，厌氧和缺氧宜选用潜水式推流搅拌器，搅拌器性能应符合 HJ/T 279 的要求。

3.3.4.3 氧化沟工艺

氧化沟处理属于延时曝气气活性污泥法，污水和活性污泥混合液在沟内循环流动，主要依靠好氧微生物对有机物进行降解。氧化沟形式不一，通常为建设成为椭圆封闭的沟渠，氧化沟一般需配备特殊的曝气机，通常横置于氧化沟之上。目前氧化沟在国内外应用较为广泛，是活性污泥法中应用较多的工艺流程，其氧化沟的优点主在于简化了预处理，只需进行浓缩与脱水，且占地面积少，脱磷脱氮效果较好。缺点是氧化沟需要经常巡查，设备一旦失灵，特别是曝气机停止运转，氧化沟就会产生毒气，此外处理后猪场污泥中重金属含量会增加，在用农田利用猪场污泥时，存在一定环境污染的风险。

3.3.4.4 曝气生物滤池

曝气生物滤池中的有机物易于微生物和微型动物的繁殖生长，并吸附废水中的悬浮、胶体和溶解状态的物质，从而形成生物膜。通过与污水的接触，生物膜上的微生物摄取污水中的有机污染物作为营养，从而使污水得到净化。由于其可以保持接触氧化的高效性，同时又可以满足较高的出水水质要求，因此可应用在粪水处理的二级和三级处理环节。曝气生物滤池的优点在于粪水处理负荷高、出水水质好，占地面积小等特点。

3.3.4.5 接触氧化工艺

生物接触氧化法在反应器内设置填料，经过含氧的粪水与长满了生物膜的填料进行有效接触，在生物膜微生物的作用下，粪污得到净化。生物接触氧化法在运行初期，少量的细菌附着于填料表面并逐渐形成较薄的一层生物膜。在溶解氧和营养物质充足的条件下，微生物会迅速繁殖，生物膜会逐渐增厚，当生物膜达到一定厚度时，氧便无法向生物膜内层进行扩散，缺氧会引起好氧菌死亡，而兼加细菌、厌氧菌在则会在内层开始不断增长繁殖，逐渐形成厌氧层，并以死亡的好氧菌为基质，在此基础上不断的生长繁殖，经过一段时间的繁殖后数量开始下降，加上代谢气体产物的不断逸出，内层生物膜大块便会脱落，在生物膜已脱落的填料表面上，新的生物膜又重新循环发展起来。该模式的优点在于粪水处理时间短、节约占地面积、生物活性高、有较高的微生物浓度、出水水质好。缺点在于生物膜较厚时易于堵塞填料，从而影响曝气与搅拌。

3.3.5 物理化学处理

3.3.5.1 絮凝技术

絮凝技术的原理是将粪水中的悬浮微粒通过絮凝使其集聚变大，或形成絮凝团，从而实现粪水中颗粒物的聚沉，从而进一步实现粪水中的"固-液自然分离"的目的。絮凝发生的过程离不开絮凝剂，絮凝剂吸附粪水中微粒，在微粒间"架桥"，从而促进微粒的逐渐集聚。由于养殖粪水固体悬浮物和有机物浓度高，即使是固液分离后的粪水，其中的固体悬浮物和有机物浓度高含量也很高，通常采用絮凝技术对猪粪水进行预处理，以提高粪水的可生化性，降低粪水的后续处理难度。

3.3.5.2 气浮技术

气浮法是向污水中通入空气或其他气体产生气泡，利用高度分散的微小气泡黏附污水中密度小于或接近于水的微小颗粒污染物，形成气浮体。因黏合体密度小于水上浮到水面，从而使水中细小颗粒被分离去除，实现"固-液"分离的过程。气浮法既具有物理处理功能又具有化学絮凝处理功能，可以有效地降低某些水中的污染物质。气浮法是依靠无数微气泡去黏附絮粒，对于絮粒的大小和质量要求不高，絮凝时间较短，混凝剂用量较少，此外气泡捕捉絮粒概率高，出水水质较好。气浮法的缺点是比沉淀法耗电多，运营成本较高。根据微细气泡产生的方式不同可分为分散空气气浮法、电解气浮法溶解空气气浮法。

A　分散空气气浮法

按气泡粉碎方法又可分为扩散板曝气法、叶轮气浮法等。

扩散板曝气气浮法是比较传统的方法，通过曝气气浮鼓风机将空气直接鼓入气浮池底部的充气器，形成小气泡进入废水中。若扩散装置的微孔过小，容易堵塞；而微孔过大时产生的气泡过大，需要投入表面活性剂，方可形成可利用的微小气泡。

叶轮气浮法的基本原理是通过电机驱动，使叶轮高速旋转，在盖板下形成负压而吸入空气，废水通过盖板上的小孔进入，在叶轮的搅动下空气被粉碎成微小的气泡，并与废水充分混合形成氨水混合体，经稳流板后在池内垂直上升，达到气浮作用。上浮的泡沫被缓慢转动的刮板不断刮到气浮池外的收集槽内。它的特点是叶轮的叶片为空心状，处于底部的叶轮在电机带动下高速转动，形成一个负压区，使液面上的空气沿着涡凹头的中空管进入扩散叶轮释放到水中，并经叶片的高速剪切变成微小气泡，小气泡上浮过程中不断黏附在絮凝体上，形成新的低密度絮凝体，通过浮力作用将悬浮物带到水面上，再经刮渣装置刮到去浮渣。其优点是不需要压力溶气罐、空压机和循环泵等设备，投资省，占地面积小，运行费用低，处理效果好。

B　电解气浮法

将正负相间的多组电极安插在电解槽内废水中，当通入直流电时，废水电解，正负两极间产生的氢和氧的微小气泡黏附于悬浮物上，将絮凝悬浮物带到水面，以实现气浮分离。电解产生的气泡小于其他方法产生的气泡，密度低，表面负荷通常低于 $4m^3/(m^3 \cdot h)$。因此，非常适应于脆弱絮状悬浮物的电解。利用电解气浮进行废水处理时，主要侧重于去除废水中的悬浮物与油状物，但实际上在电解气浮的同时，因发生了一系列电极反应，阳极还有降低 COD、BOD、脱色、除臭和消毒等作用，阴极还具有沉积重金属离子的功能。其优点是电解产生的气泡微小，雨水中污染物接触面积大，气泡与絮粒黏附力强，此外装置紧凑，占地面积小。缺点是电解凝聚气浮法耗电量大、运行管理要求高、伞属消耗量大以及电极易钝化等问题。

C　溶解空气气浮法

该法在青铜气液混合泵内使气体和液体充分混合，一定压力下使空气溶解与水并达到饱和状态，后达到气浮作用。根据气泡析出于水时所处的压力情况，溶解气浮法又分为加压溶气气浮法和溶气真空气浮法两种。

（1）加压溶气气浮法。该法是指空气在加压条件下溶解，常压下使过饱和空气以微小气泡形式释放出来，需要溶气罐、空气机或射流器、水泵等设备。

（2）溶气真空气浮法。该法是指空气在常压下溶解，真空条件下释放。其优点是无压力设备，缺点是溶解度低，气泡释放有限，需要密闭设备维持真空，运行维护困难。

3.3.5.3 电解技术

电解是将电流通过电解质溶液或熔融态电解质（又称为电解液），在阴极和阳极上分别发生氧化和还原反应转化成为无害物质以实现废水净化的方法。电解法对于养猪粪水中的难以生物降解的有机物具有很强的氧化去除能力。因此，被广泛应用于养殖粪水的好氧处理后的深度处理及消毒。电解技术处理污水可以作为单独处理，也可以与其他处理技术相结合，作为深度处理，进一步降解微生物无法降解的污染物。其优点是该法使用低压直流电源，不耗费化学剂，可在常温常压下操作，管理简便。如废水中污染物浓度发生变化，可以通过调整电压和电流的方法，保证出水水质稳定，该法处理装置占地面积不大。缺点时处理废水量较大时电耗和电极金属的消耗量较大，分离出的沉淀物质不易处理利用。

3.3.5.4 膜浓缩分离技术

膜技术是一项优良的物理消毒方法，膜的孔径一般为微米级，依据其孔径的不同（或称为截留分子量），可将膜分为微滤膜、超滤膜、纳滤膜和反渗透膜等。膜分离技术由于兼有分离、浓缩、纯化和精制的功能，被广泛用作猪粪水的浓缩和生化处理法中污泥与出水的分离。其中超滤膜和纳滤膜可用于生猪养殖废弃物沼液的分离浓缩，处理过程不会破坏沼液中有效物质的活性，浓缩液可作为无公害生物肥料的原料，与沼液原液相比，浓缩液中的常规营养成分、微量元素和部分活性物质含量均得到显著提高。

3.3.5.5 臭氧氧化技术

臭氧是一种广谱速效杀菌剂，对各种致病菌及抵抗力较强的芽孢、病毒等都有比氯更好的杀灭效果，利用臭氧的强氧化性氧化处理废水中的有机物或有毒有害物质，使其分解或转化为无毒害物质的方法称为臭氧氧化还原法。臭氧氧化法水处理的工艺设施主要由臭氧发生器和气水接触设备组成，用臭氧氧化法处理废水所使用的是含低浓度臭氧的空气或氧气，水处理时的臭氧化气是含有 1% ~4%（质量比）臭氧的空气或氧气。在使用臭氧氧化法时，臭氧发生器所产生的臭氧，通常是采用微孔扩散器、鼓泡塔或喷射器、涡轮混合器，通过气水接触设备扩散于待处理水中。粪水经过臭氧氧化处理后，水的浊度、色度等物理、化学性状都有明显改善，经处理后的粪水，其化学需氧量（COD）一般能减少 50% ~70%。臭氧氧化法通常是与活性污泥法联合使用，先用活性污泥法去除大部分酚、氰等污染物，然后用臭氧氧化法处理。臭氧氧化法的主要优点是反应迅速，流程简单，没有二次污染问题。缺点是臭氧发生器投资大，运行费用高，因此，该技术在养殖粪水处理中应用仍较少，仅在一些要求高的养殖粪水达标排放处理工艺流程中，最后环节增加臭氧氧化处理设施，利用臭氧杀灭水中的有害微生物，改善出水颜色和水质，以达到高标准达标排放要求，或确保回水利用的安全性。

3.3.6　其他处理方法

近几年，随着环境保护力度的不断加大，污水处理的技术也在不断地创新和发展，除了上述介绍的污水处理方式外，目前全国猪场用于处理污水比较常见还有异位发酵床处理工艺技术、立页增氧处理工艺和全好氧脱氮工艺。

3.3.6.1　异位发酵床

异位发酵床其核心是在微生物参与下的好氧处理过程，采用传统养殖模式不变，在距离猪舍几十米的地方建一个发酵池，发酵池使用垫料，垫料中接种高温菌种，快速持久地产生 70℃ 左右的高温，每天将猪粪尿引到垫料上不同区域，使用专业翻耙机进行翻耙。猪场液体粪污中的水分通过高温菌种发酵蒸发掉，将液体粪污中的营养物质通过微生物的分解最终也变成了垫料。异位发酵床技术处理具体阐述见第二章。异位发酵床翻抛如图 3-9 所示。

图 3-9　发酵床翻抛

3.3.6.2　立页增氧发酵系统

立页增氧发酵污水治理系统包括发酵系统、蒸发系统和布液系统。液态粪污通过水泵和布水管进入蒸发膜，由于蒸发膜具有巨大的表面积，能够保证污水溶氧量显著增加，有助于膜表面的益生菌大量增殖，吸附消纳污水中的营养物质；同时蒸发膜巨大的表面积有助于污水在蒸发膜表面蒸发。多余的污水沿蒸发膜下流到发酵体内，进一步被发酵体垫料中的微生物快速分解消纳，剩余的污水则通过发酵体底的缝隙流入储液池内。储液池内污水再通过水泵和布液系统周期性喷洒到蒸发膜上，如此循环。而发酵体内的垫料则可定期更换用于制备有机肥。该模式的优点在于环境温度高时，可实现污水的零排放。缺点是西南地区冬天潮湿，蒸发效果较差，此外该工艺需要前期干湿分离，菌种的成本也不低，利用成效与占用面积有较大相关，投资费用较大。立页增氧工艺图分别如图 3-10、图3-11 所示。

图 3-10　立页增氧工艺（1）

3.3.6.3　全好氧脱氮

全好氧脱氮是以可耐受高浓度污染物的全好氧菌剂为核心，配套高效富氧的一体化设备，在全好氧条件下，实现畜禽养殖类废水中高浓度有机物、高氨氮和总氮的同步高效去除。全好氧脱氮技术主要用于处理畜禽养殖废水厌氧发酵沼液，目的在于大幅削减沼液中有机物、氨氮和总氮的污染负荷，使得经过一体化设备处理后的出水污染物浓度大幅下降，减轻后续工艺的处理负荷，从而保证整套处理工艺的稳定高效运行。与传统人工生化工艺相比，该技术可直接处理畜禽

图 3-11　立页增氧工艺（2）

养殖类高难废水，取消传统工艺的厌氧、缺氧等工段，从而缩短整套处理工艺流程，降低工艺运行难度，最终实现高难废水的低成本处理。

综上所述，猪场废水处理利用涉及的工艺技术种类繁多，几种处理利用工艺技术的组合，可以形成不同的工艺路线或模式。首先，应根据当地的自然、经济条件以及猪场规模，选择合适的处理模式。其次，应准确把握不同模式的关键技术、管理环节，寻找合理的解决办法与措施。通过模式的合理选择与技术的准确定位，使猪场粪污得到有效利用与处理，促进生猪生产持续健康发展。

对于污水的处理，必须要树立一个理念，首先要决定如何利用处理的产物，再决定采用处理的模式，最重要的是做好源头减排，只有源头减排了，后续的负担才会减轻。

4 废气的处理

生猪养殖过程，除了主要产生固体粪便和液体污水等废弃物以外，气体废弃物的负面作用也不容忽视。随着生猪养殖生产经营规模的不断扩大和集约化程度的不断提升，猪场排放的大量难闻废气如硫化氢、氨气、挥发性脂肪酸、粪臭素、硫醇类等，不但引起猪只不适，烦躁不安，食欲降低，刺激呼吸道和眼睛，引起泪斑等，降低猪只抵抗力，诱发猪病的发生，而且影响生产一线操作人员的健康，混杂在一起散发出难闻的气味，也影响着养殖场周边的空气质量，对环境造成污染，影响人民群众的生活质量。

因此，如何有效控制生猪养殖场废气及恶臭是保证生猪产业可持续发展需要解决的问题。目前，猪场废气的控制方法较多，但是最积极有效的控制方法就要是控制产生难闻气味的源头和扩散的渠道，这就要从猪场选址、工艺流程的设计以及猪营养方面减少臭气的排放，并对粪尿和冲洗用水及时、有效、科学地收集、贮存和处理，减少粪污处理过程中废气产生。对已产生的废气，可以通过吸附、过滤、清洗、催化氧化等手段和方法进行处理，以减少臭气等异味气体对养殖周边环境的污染。

4.1 废气的产生

在生猪养殖生产过程中，除了产生粪尿和污水等养殖废弃物外，难闻的臭气也是影响猪场周边环境的重要的负面因素之一，猪场废气的有效控制正成为生猪养殖企业面对的环境控制指标之一。猪场的空气污染最直接的表现就是养猪生产的恶臭气体，这些气体并非单一的，而是猪舍中各种异味气体混合而发出的一种难闻的气味组合体。

4.1.1 猪场废气的主要成分

生猪养殖过程中，产生的废气包括一般废气二氧化碳、甲烷和恶臭废气，后者源于多种气体，其组分非常复杂。研究者对猪场恶臭废气的成分进行了鉴定，发现臭味化合物有 168 种，其中 30 种臭味化合物的阈值 $\leqslant 0.001 mg/m^3$。这些恶臭物质根据其组成可分为：

（1）含氮化合物，如氨、酰胺、胺类、吲哚类等。

（2）含硫化合物，如硫化氢、硫醚类、硫醇类等。

（3）含氧组成的化合物，如挥发性脂肪酸。

（4）醇类、酚类、醛类、酮类和含氮杂环化合物等。

（5）卤素及其衍生物，如氯气、卤代烃等。

由于各种气体常混合在一起，所以很难区分出猪场的气味到底与哪种特定的气体有关，通常认为猪场的恶臭主要是由氨气、硫化氢、挥发性脂肪酸所引起的。常见异味气体的特征见表4-1。

表 4-1　常见异味气体的特征

类　别	名　称	气味特征	气味临界值 /mg·L^{-1}	可识别临界值 /mg·L^{-1}
醛类	乙醛	刺鼻水果味	0.004	0.21
苯酚和甲酚类	苯甲硫酚	腐烂恶臭味	0.0001	—
	苯硫酚	腐烂大蒜味	0.000052	0.28
硫醇类	甲基硫醇	烂白菜味	0.0011	0.0021
	乙基硫醇	烂白菜味	0.00019	0.001
	丙基硫醇	难闻味	0.000075	—
	烯丙基硫醇	强烈大蒜味	0.00005	—
	戊基硫醇	刺鼻难闻味	0.0003	—
	特丁基硫醇	难闻味	0.00008	—
硫化物	硫酸二甲酯	烂菜味	0.001	0.001
	二苯基	难闻味	0.000048	0.0021
	硫化氢	臭鸡蛋味	0.0012	—
氨和胺类	丁胺	氨样味道	—	0.24
	二丁胺	鱼腥味	0.016	—
	二甲基胺	腐烂鱼腥味	0.047	0.047
	乙胺	氨味	0.83	0.83
	甲胺	腐烂鱼腥味	0.021	0.021
	三乙基胺	氨样鱼腥味	—	—
含氮杂环类	吲哚	沼渣样恶心味	—	—

注：1. 气味临界值：一组人中有50%都能感觉到气味时的气体浓度。

2. 可识别临界值：一组人中有50%能识别出是何种气味时的气体浓度。

4.1.2　圈舍内废气的产生

猪场废气主要源自养猪生产过程中产生的，比如粪尿、各种污水、饲料残渣、垫草垫料、猪的呼吸气体、猪皮肤分泌物、病死猪等，猪舍内废气浓度与猪舍的通风状况和空气中的悬浮物密切相关。其中，猪粪尿、呼出消化道排出的气体以及污水是猪场恶臭气体的主要发生源。粪尿和冲洗养殖舍的污水中含有丰富的碳水化合物、脂肪、蛋白质、矿物质、维生素等多种成分，这些物质是微生物生长繁殖的营养来源，厌氧条件下，碳水化合物分解生成甲烷、有机酸和醇类。蛋白质、氨基酸等经细菌的消化降解作用生成氨、乙烯醇、二甲基硫醚、硫化氢、甲胺、三甲胺等具有难闻气味的物质。消化道排出的气体，皮脂腺和汗腺的分泌物，猪体的外激素及黏附在体表的污垢物质也会散发出特有的气味。猪舍食槽内没有吃完的遇水酸败的饲料、死亡的猪只等也会发出难闻气味。此外，养殖场空气中的粉尘与恶臭气体的产生关系密切，臭气成分中的胺和许多含氮杂环化合物通常带有正电荷，粒子通常带有负电荷，两者之间有极强的亲和力，共同扩散，同时微生物又不断分解粉尘中的有机质而产生臭气。根据养殖工艺分析，猪场废气污染物主要来源是猪舍散发的恶臭、运输恶臭、饲料加工过程中产生的无组织粉尘和厨房油烟。

4.1.2.1 猪舍废气

养殖企业在养殖生产过程中，生猪养殖场废气主要来自猪舍的猪粪和猪尿、集粪池的粪便等散发的恶臭气体，这种臭气通常来自粪便管理不当；另外，养殖场中部还有两种非粪便臭源，那就是饲料（尤其是浪费掉的，发酵的和变质的饲料）和死亡的动物。

（1）猪舍地面的猪粪和猪尿，本身就是大面积的臭气发生地，再加上动物身体覆盖着粪便，就大大的增加臭气散发面，这些地方臭气产生的多少还与粪便的水分含量和粪便堆积的厚度有关，粪便堆积得愈厚就会因厌氧发酵的缘故而使臭气产生量愈大，尤其在场地排水不畅时就更是如此。

（2）集粪池的粪便也是养殖场的主要恶臭污染源之一，虽然大量的粪便在此堆集，然而经验表明，只要集粪池设计合理并且管理良好，从而使得其中既发生厌氧发酵也发生需氧发酵时，那么它的臭气产生量常低于猪舍的臭气产生量。据测定，一般千头以上的猪场，如果不做粪便处理，可在周边 3km 以内闻到臭味。由此可见养猪场臭气的产生严重影响着人类的生活和身体健康。

（3）饲料和死亡的动物所散发的臭气主要是由于这些饲料和死亡的动物中的蛋白质发生分解所致，即俗称的"腐臭"。

（4）生猪养殖企业将冲洗废水进行厌氧发酵处理，发酵过程产生的恶臭废气直接排放到大气环境中，主要含有氨气、硫化氢、甲烷等物质。

这些恶臭臭气是许多单一臭气物质相互作用的产物。目前，已鉴定出在猪粪尿中有恶臭成分 220 种，这些物质都是产生生化反应的中间产物或终端产物，其中包括多种挥发性有机酸、醇类物质、醛类物质、不流动气体、酯类物质、胺类物质、硫化物、硫醇以及含氮杂环类物质在粪尿中还发现 80 多种含氮化合物，其中有 10 种与恶臭味有关其中对环境危害较大的是氨气、硫化氢等。据张克春、叶承荣等的研究资料及类比调查，一个存栏为 10000 头的生猪养殖场每小时向大气排放 15.9kg 的 NH_3、1.45kg 的 H_2S。根据对项目现场调查，项目办公楼附近闻到微弱的猪屎味，项目边界外闻不到异味，再根据企业现有的生态、高科技养殖法及相关资料显示，综合估计本项目的恶臭废气源强比普通养殖法低 80%。综合上述参考资料，最终折算，本书研究的存栏量为 5000 头，每小时向大气排放的废气污染物排放量为 1.59kg 的 NH_3、0.145kg 的 H_2S。

4.1.2.2　运输恶臭

根据类比调查，成品猪出栏运输途中，猪粪便、尿液等会散发出恶臭，其主要污染物为 NH_3、H_2S 等。

4.1.2.3　粉尘

无组织粉尘主要产生于猪饲料拌和加工及猪舍内猪活动产生。饲料加工在料房内进行，主要为麦麸皮和玉米等的搅拌混合，为纯物理复配。根据类比调查分析，粉尘产生量约为加工饲料的 2%，年用饲料为 5000t，则粉尘产生量为 100t；猪舍粉尘由猪活动产生，但猪舍一般湿度适中，正常情况下猪舍粉尘产生量较小，主要影响猪舍室内环境，对养殖场外环境影响较小。

4.1.2.4　食堂油烟废气

比如，厨房使用的能源为沼气池产生的沼气，共有炒炉 2 个，根据类比同类项目，食堂油烟产生量一般为 8～12mg/m^3，每个炉头排气量（标态）大约为 300m^3/h，共产生油烟量为 600m^3/h；按每天三餐，满负荷工作 5h 计算，每天产生量（标态）为 3000m^3/d，油烟排气量（标态）为 1095000m^3/a。

一个年出栏 5000 头生猪的养殖场，其废气产生量见表 4-2。

表 4-2　年出栏 5000 头猪场废气产生量

类型	排放源（编号）	污染物名称	处理前产生浓度及产生量（标态单位）	排放浓度及排放量（标态单位）
大气污染物	猪舍	臭气	≤70（无量纲）	≤70（无量纲）
	厨房	油烟	1095000m^3/a ≤12mg/m^3	≤1.8mg/m^3
	料房	粉尘	100t/a	109.58mg/m^3，2t/a

4.1.3　粪污处理过程中产生的废气

由于粪尿及养殖污水中含有大量有机物，经由畜禽排出体外后，在转运、贮存、处理过程中，会迅速在空气中发酵产生如硫化氢、氨气、类臭素等恶臭物质，这些臭气一般来源于粪便堆放场、集污池、干湿分离处理场、堆粪发酵场、氧化塘、曝氧池等地，这些恶臭物质会对周围的空气产生污染，刺激人畜机体。

4.1.4　猪场恶臭废气的危害

猪场粪尿、废弃物所产生的恶臭物资，会对养猪场周边环境造成污染，成为家畜传染病、寄生虫病和人畜共患病的传染途径。在畜禽养殖场恶臭污染事件中，猪场局首位，据文献报告，英国的畜恶臭污染重，养猪业占57%，养鸡业占22%，养牛业占17%。

由猪舍和粪污堆场、贮存池、处理设施产生并排入大气的恶臭物质，除了会引起不快、产生厌恶感以外，恶臭气味的大部分成分对人和动物有刺激性和毒性。吸入某些高浓度恶臭物资可以引起急性中毒，但是在生产条件下这种机会极少；长时间吸入低浓度恶臭物质，开始是引起反复性的呼吸抑制，呼吸变浅变慢，肺活量减小，继而是嗅觉疲劳而改变嗅觉阈，同时也解除了保护性呼吸抑制而导致慢性中毒。氨、硫化氢、硫醇、硫醚、有机酸、酚类等恶臭物资，对中枢神经系统均可以产生强烈刺激，不同程度地引起兴奋或麻醉作用；此外，长时间吸入恶臭物资会改变神经内分泌功能，降低代谢机能和免疫功能，使生产力下降，发病率和死亡率升高。

另外，不仅部分有害气体分子会吸附在微小尘粒上，建筑物表面上、人和动物身上，长时间不散去，污染养殖场内的空气，导致疾病的传播，而且吸附有些气体分子的微小尘粒还会随风飘散，散播到很远的地方，导致养殖区和附近居民区空气质量的下降，对居民的健康造成一定威胁。由于这些有害气体对环境的污染不只局限在地表面上，还会是空间的、立体的，因此，从某意义上讲，养殖场的空气污染对环境的影响要超过固体粪便和污水。氨对养猪场工作人员健康影响见表4-3，氨气、硫化氢对人畜的影响见表4-4。

表 4-3　氨对养猪场工作人员健康影响

症　状	体积分数/%	症　状	体积分数/%
咳嗽	67	头痛	37
吐痰	56	胸闷	36
胸痛	54	呼吸短促	30
流鼻涕	45	喷嚏	27
流泪	39	肌肉酸痛	25

表 4-4 氨气、硫化氢对人畜的影响

名称	人		畜	
	气体浓度/‰	影响作用	气体浓度/‰	影响作用
氨	0.005	影响很小	0.006	开始刺激眼睛及呼吸道
	0.007~0.01	最大忍受浓度	0.011	生长及饲料的效率变差
	0.006~0.02	刺激眼睛，呼吸困难	0.02	最大忍受浓度
	0.04	头痛食欲下降	0.05	引起呼吸道疾病
	0.1 (1h)	黏膜受伤害	0.1	打喷嚏、食欲差、活动力下降
	0.4 (1h)	鼻喉受伤害	0.3	刺激口鼻、呼吸困难
硫化氢	0.005	最大忍受浓度		
	0.01	刺激眼睛	0.01	最大忍受浓度
	0.02 (20min)	刺激眼、鼻、喉	0.02	食欲下降，精神紧张
	0.05~0.1	呕吐下痢		
	0.2 (1h)	神经系统受损、昏迷	2	肺积水呼吸困难，昏迷，死亡
	0.5 (30min)	呕吐、兴奋、昏迷		
	0.6	死亡		

4.1.5 影响恶臭产生及扩散的因素

从根本上讲，控制恶臭产生的源头和扩散渠道是解决恶臭污染的主要途径，而影响恶臭产生和扩散的主要因素有畜禽养殖场的选址、畜禽对饲料的消化和利用率等几方面。

4.1.5.1 畜禽养殖场的选址

畜禽养殖场的规划、布局若不合理，会对日后生产产生不利影响，且要为环境保护付出很高的代价。例如，养殖场若建在环境要求较高的区域或建在离居民区较近的区域，为达到环保要求或减少居民的埋怨，养殖场就必须付出很大代价，以保证环境质量。

4.1.5.2 畜禽对饲料的消化和利用率

日粮中营养物质不完全吸收是生猪恶臭和有害气体产生的主要因素。提高日粮营养物质效率，目的是提高生猪对饲料中氮和磷的消化利用率，减少生猪从饲料中获取的氮和磷粪便的排出量，这是解决养殖场恶臭的关键所在。

4.1.5.3 畜禽场的设计

畜禽设计合理与否与养殖场的废气的散发有很大关系。不正确的排水系统、畜禽地面设计等，均会增加臭气的产生及散发。

4.1.5.4　畜禽养殖管理

畜禽养殖管理不当也会增加恶臭的生产和散发。如畜禽内不及时清粪、不加强通风，畜禽粪便、粪水贮存方式不当，施肥方法不正确等会导致恶臭的产生和传播。

4.2　废气的处理

高效治理规模化养殖废气，提高资源利用率，改善环境，实现养殖与生态环境友好和谐发展，是生猪产业健康发展的内在要求和经济社会发展的客观需求。

4.2.1　猪场废气的处理现状

目前，欧美发达国家对养殖废气处理排放有相关要求，尤其是欧洲，必须经过处理除臭后，养殖废气才能向大气中外排放。例如，在丹麦，常采用洗涤处理方式处理养殖废气，废气从圈舍排除前，将废弃收集后与含有活性淤泥悬浮物泥浆的混合液充分接触，使其在吸收器中臭气被除掉，洗涤液再被送到反应器中，通过悬浮生长的微生物代谢活动讲解溶解的粪臭物质，操作易于控制。

在国内，现阶段针对养殖场养殖废气没有明确要求处理后才排放的相关规定。同时，国内传统养猪多数猪舍都是半开放式猪舍，养殖废气也不便收集，最近几年发展起来的全封闭式圈舍，才有可能收集废气处理后再排放。由于养殖企业利润不高，而且直接处理废气的成本高，绝大多数养猪企业，并没有直接对养殖废气进行相关处理，只是多数企业在从源头控制废气的产生上做了一些工作，比如优化养殖环境，加强生产管理及时清除、转运粪尿，饲喂微生态制剂、酸化剂、酶制剂等降低猪只废气的排除，给粪尿贮存池加盖减少臭气排除等，国内养殖废气处理排放可以说刚起步，任重道远。但是随着"大气十条"的颁布实施，猪场的废气处置将逐步成为关注的重点，在不远的将来也必将成为猪场废弃物处理的重要内容。

4.2.2　猪场废气处理措施

4.2.2.1　主要措施

规模化猪场发展进程中造成的废气污染越来越受到关注，已经引起各界人士的关注。如何减少控制废气的产生和无害化已成为众多课题研究的重点，总体来说，根据不同方法的工作原理，生猪恶臭减排措施大体上可分为微生物方法、生化方法、化学方法、管理方法、物理方法和生理方法。气体污染减排措施情况见表4-5。

表 4-5　气体污染减排措施

方　法	技术设备	目标污染物
微生物方法	通风	恶臭气体，挥发性有机物，颗粒物
	厌氧分解	
	生物过滤	
	堆肥	
生化方法	酶添加剂	恶臭气体，挥发性有机酸
	酸化	氨气
	臭氧氧化	恶臭气体
管理方法	最佳管理措施	恶臭气体，挥发性有机酸，颗粒物
物理方法	吸附	恶臭气体
	冷凝	氨气
	覆盖	恶臭气体，挥发性有机酸物
	干燥	恶臭气体，挥发性有机酸，颗粒物
	静电除尘	颗粒物
	过滤	颗粒物
	涂油	恶臭气体，颗粒物
	防护林	恶臭气体，颗粒物
	固液分离	恶臭气体，挥发性有机酸，颗粒物
生理方法	湿法洗涤	恶臭气体，颗粒物
	饲粮调节	恶臭气体，氨气
	气味掩蔽	恶臭气体

4.2.2.2　生猪养殖废气源头控制技术

A　猪场正确选址和合理布局

猪场选址应该避开自然保护区、风景名胜区，应该远离居民区、学校、医院等人口密集地区 2km 以上，远离水源地及交通要道，限养区的生猪产业发展不能超过限定量，禁养区不能建设当地政府规定的生猪规模养殖场。猪场地势高燥，从主上风口至下风口依次排列生活管理区、生产区、粪污处理区，各功能区相对隔离，达到养殖废气从低风险区向高风险区排布，这样会使养殖废气、废水以及干粪堆放过程中生长的蚊蝇等最小程度地影响到人类。从生物安全角度考虑，猪舍周围一定距离内应当无其他养殖场，需种植一定数量的绿化设施，多种植一些可以吸收有害气体和强力吸附尘埃的植物，如松树、丁香、杨柳、铁树和常春藤等。猪舍的设计应合理，猪舍间应有适当的间隔距离，以猪舍高度的 2.5~4 倍距离为宜，通风换气良好，尽量减少舍内有害气体产生。

猪舍设计工艺流程合理，减少尿素在圈舍贮存、暴露的时间，采用刮粪板工艺、干清粪工艺或水泡粪工艺，圈舍内配备必要的通风换气设备，必要时配备地沟风机，加强猪舍通风，利于圈舍废气排除。具有多空结构的吊顶材料见图4-1，通风小窗与天花板弥散性通风相结合的通风模式如图4-2所示。

图4-1 具有多空结构的吊顶材料（丹麦农场提供）

图4-2 通风小窗与天花板弥散性通风相结合的通风模式（丹麦农场提供）

B 饲料营养调控

发展适度规模养猪场，根据生产环节及养殖模式选择适宜的养殖密度，饲料中蛋白含量不宜过高，氮主要来源于饲料中未被消化的植酸磷和人工补充的碳酸氢钙。饲料是畜禽排泄污染的主要源头。改善饲料品质是控制畜禽场污染的手段之一。猪采食的氮约20%通过粪便排出，50%左右通过尿液和排出。近年来研究表明，通过降低日粮蛋白水平，添加合成氨基酸，能显著减低氨排泄和节约生产成本。日粮粗蛋白每下降1%，氮的排放减少8%，日粮磷水平降低0.1%，磷排放量相应减少8.3%。有资料显示，在饲料中添加5%粗饲料（纤维素），与标准的生猪饲喂饲料相比，生猪生产中所产生的新鲜猪粪中的氨气含量、贮存的猪粪中的总氮素、氨态氮都有减少，此外，添加了纤维素的生猪饲料，在猪只的结肠内会增加细菌发酵，从而在猪粪中，氨态氮含量会大量减少，最终大大减少猪舍臭气的产生。

实践证明，畜禽舍内产生的恶臭主要是由于日粮中营养物质消化吸收不完全造成的。据测定，一头小猪从断奶体重至养到100kg上市屠宰，共需消耗氮8～9kg，其中能够被吸收沉积为瘦肉的氮尚不足3kg，剩余5～6kg的氮均以粪尿的形式被排泄到体外，造成环境污染。因此，从治本的角度出发，应采用多种方法提高畜禽对饲料营养物质的消化率和利用率，以降低日粮中的蛋白质含量，减少臭气的排放。可以通过以下手段：一是通过改进饲料的加工方法或添加蛋白酶等手段以提高饲料中蛋白质消化率；二是通过调节饲料中氨基酸平衡，以降低日粮中蛋白质含量水平来达到减少畜禽粪尿中氮的排出；三是饲料中添加臭气吸附剂，以减少臭气的排放，目前应用的主要有膨润土等吸附剂；四是通过添加环保添加剂及微生物制剂等，降低排泄物种所含的营养成分和有害成分，减少臭气的产生。

日粮饲料中添加酶制剂、酸化剂、微生态制剂、丝兰植物提取物及酵母等，酶制剂可将饲料中难以为单胃动物消化吸收的植酸盐降解为易消化吸收的正磷酸盐，这样就可以减少饲料中无机磷的添加量从而减少猪粪便中的磷污染。

微生态制剂室一种新型活菌制剂。20世纪80年代初，日本琉球大学比嘉照夫教授等首先研制的EM制剂，它是由光合细菌、双歧杆菌、乳酸菌、酵母菌、放线菌、乙酸杆菌等5个科10个属80多种微生物复合培养而成的有效微生物群，这种菌剂布放任何化学有害物质，无毒副作用、不污染环境，并且具有除臭、增重、防病和改善胴体肉质的效果，将"EM制剂"添加到猪的饲料中之后，不仅猪舍内氨气浓度下降，臭味明显降低，蚊蝇明显减少，而且猪的增重及饲料利用率也得到了一定的改善。饲喂EM促进猪只体内的微生态平衡发生改变，不同功能的微生物在体内代谢旺盛，可以明显提高畜禽机体对各种营养物质的吸收，从而加快生长速度，提高饲料利用率。北京市环境保护监测中心对"EM制剂"除臭效果进行的测试结果表明，使用"EM"一个月后，恶臭浓度降低了97.7%，臭气强度降低了2.5级以下，达到了国家一类标准，同时应用EM技术对畜禽粪便进行无臭处理，可以改善牧场环境卫生条件。在猪舍、鸡舍按每立方米空间投放20gEM，能防止产生大量的有害气体，使各种有害气体浓度达到卫生学标准。

微生态制剂中的有益细菌能够占位、排挤和抑制大肠杆菌、沙门氏菌等病原微生物的生长繁殖，有益芽孢杆菌或乳酸杆菌壮大成为优势菌群后，不但能够降低动物肠道疾病的发生，而且会促进饲料消化吸收，改善肠道 pH 值，减少粪便中有害气体的产生量。

酸化剂主要用于降低断奶仔猪胃内容物的 pH 值，使胃内容物 pH 值维持相对稳定。具有改善消化道酶活性和营养物质消化率的作用，能降低病原微生物的感染机会。使病微原生物的繁殖受到抑制，促进益生菌的繁殖，从而减少肠道内臭气的排除。

饲粮中添加植物提取物添加剂可有效降低 NH_3 的排放。其机制大致包括 3个：抑制脲酶的活性，减少尿素的分解；通过提高机体内微生物对氨的利用率，形成微生物蛋白质来抑制氨的排放；三是某些提取物对氨有很强的吸附作用，可有效地抑制其排放。丝兰植物提取物是植物提取天然制品。它具有两个生物活性成分，一个可以和氨结合，减缓尿素氮分解，从而减少氨气的散发。另一个可以和硫化氢、甲基吲哚等有毒有害气体结合，因而具有控制养猪场地恶臭的作用，该物质还与肠道内的微生物作用，帮助消化饲料，有资料显示，采用此类饲料添加剂后，可减少粪尿中氨的排放量 40%~60% 之多。从而减少了场区恶臭的产生量，减少氮、硫、磷的排泄，从源头来减少粪便中恶臭气体的排除。杨彩梅等人指出，樟科植物提取物对猪粪中的脲酶活性的抑制效果较好。梁国旗等人在樟科（CEPE）、丝兰属（YE）植物提取物对仔猪排泄物中氨和 H_2S 散发的影响试验证明，在 35 日龄杜大长仔猪的基础饲粮中分别添加 350mg/kg 的 CEPE，125mg/kg的 YE，可使粪中的脲酶活性分别降低 17.16%、14.37%，对粪尿混合物中的尿素氮和氨态氮含量的降低效果极显著（$P<0.01$）；同时证明了 CEPE 和 YE 对粪发酵 H_2S 的产生有较显著的抑制作用。

C 加强日常饲养管理

一是及时清理。日常应及时彻底的清理粪尿、污水等废弃物，保证舍内清洁。猪粪堆积场或沼气池选在下风头，应全面检查饮水系统，保证水流通畅，无滴水、漏水现象，保持干燥。定期冲洗和消毒猪舍，在冬春季节到来之前，应提早做好保温取暖工作，条件较好的养殖户可采用暖风炉进行取暖，垫草要经常更换，防止有害气体超标。煤炉采暖必须安装烟筒，注意烟筒出口不能在顶风向。二是保持适当的饲养密度。在冬春季节，农村养殖户为了节省空间，保持舍温，增加养殖数量，经常通过加大饲养密度来实现。由于饲养密度过高，造成氨气的产生随着温度升高而剧增，危害动物健康，因此，实际生产中，养殖户在加大养殖规模时，应兼顾舍内的环境卫生。猪舍中刺鼻难闻的气体大多是由于猪群的粪尿不及时清理造成的，尽量减少围栏、产床、保温箱等处的灰尘，及时清理天花板、墙角的蜘蛛网。应避免人为增加尘埃，降低空气清洁度，如可在清扫时洒水等，保持一定的湿度。在干燥季节和暖气供温寒冷阶段，最容易形成猪舍空气湿度偏低的状况，使猪群的呼吸道感觉不畅，容易滋生尘埃，导致空气清洁度降低。在生产中可以通过人工喷雾或带猪喷雾消毒实现湿度的合理调控。三是建立合理的通风换气制度。通风换气可及时彻底排出舍内产生的有害气体。有条件的养猪户应配备舍内有害气体探测仪，每天观察气体浓度，当某种气体超标时及时通风，也可研究安装更先进的气敏及温控通风仪。一般情况下，通风换气应选择在天气晴朗、气温较高的中午进行。

4.2.2.3 猪场废气直接处理技术

猪场养殖废气收集后的末端处理技术分为物理处理、化学处理、生物处理和上述处理方式组合处理等几大类，常常可用单一技术或两种以上技术组合来完成养殖废气处理工作。常用的物理法是活性炭或水洗，化学法是化学洗涤、焚化，生物法则包括生物洗涤、生物滴滤、生物滤床等。进入 21 世纪来，在物理法技术上，又研发出了等离子法，以及目前最新的高新技术-UV 高效光解氧化法和韦伯催化法。

A　吸附法

吸附法是利用臭气的物理、化学性质，使用水、化学吸附液或其他物资对恶臭气体进行物理或化学吸收脱出臭味的方法。吸附剂有活性炭、硅胶、活性白土等。但吸附容量小、会产生二次污染。例如气相活性炭是最普遍的吸附剂，常使用废气治理中吸附有害物质，可以有效除去烃、氯烃、氧烃（甲醛除外）等气体。用水作为吸收氨气或硫化氢气体时，其脱臭效率主要与吸收塔内液体气体比例有关，氮温度一定时，液气比越大，则脱臭效果越高。水吸收的特点是耗水量大、废水难以处理。因为常温常压下，气体在水中的溶解度很小，并且不稳定，当外界因素如温度、溶液 pH 值变动或者搅拌、曝气时，臭气有可能从水中重新释放出来，造成二次污染。

使用化学吸收液时，在吸附过程中常常伴随着化学反应，生成的产物往往相对稳定，这种方法对废气清除效果较好，一般也不易发生二次污染。选择吸收法处理废气时，可以优先选用化学吸附，该方法节省用水而且吸收效率较高，另外，如果养殖废气浓度较高时，采用 1 次吸附很有可能效果不佳，这时，必须选择 2 次、3 次甚至多次吸附，才会达到除臭的目的。

当使用固体吸附时，是把有机物吸附在多孔固体表面上而去除养殖废气中有害分子，这种方法运行费用高，会产生大量的固体废弃物造成二次污染，需要再处理。

B　化学洗涤法

化学洗涤法是通过气-液接触，使气相养殖废气成分转移至液相，并借化学药剂与养殖废气成分的中和、氧化或其他反应去除养殖废气中的化学物质。

常用的化学氧化剂有重铬酸钾、硝酸钾、双氧水、次氯酸盐、臭氧、高锰酸钾等。使用范围广，但产生废液会造成二次污染，需要再处理。

C 生物法

生物法是把气相中的有机物传输至液相或固相生物膜，由微生物吸收并把它氧化分解为二氧化碳、水等最终产物。生物法分为生物洗涤、生物滴滤、生物滤床法等三种，它们的主要差别在微生物的相态与液体的状态。通过控制（抑制或促使）微生物的生长减少有味气体的产生。生物助长剂常见有细菌培养基、酶活其他微生物生长促进剂等。通过这些助长剂的添加可以加快动物粪便降解过程中有味气体的生物降解过程，从而减少有味气体的产生。生物抑制剂的作用恰恰相反，它是通过抑制某些微生物的生长以控制或阻止有机物质的降解而控制气味的物质的产生。

但只是在处理低浓度、易生物降解的有机气相污染物时才具有其经济性，即普适性差。几种常见的除臭剂类型见表4-6。

表4-6 几种常见的除臭剂类型

除臭剂类型	原 理	成分名称
氧化剂	氧化作用，氧化臭气成无味物质	高锰酸钾、次氯酸盐、二氧化碳等
中和剂	酸和盐的中和反应，使臭气变为无臭	过磷酸钾、硫酸亚铁稀硫酸等
掩蔽剂	用其他香味和臭气混合，改变其性质	精油、香油等
吸附剂	吸附除臭	活性炭、沸石、腐殖质
酶制剂	依靠微生物（细菌、霉菌、酵母等）产生的酶的作用促使臭气物质分子分解，改变发生臭气的质和量	

D 直接燃烧法

猪场中粪尿发酵集中产生的沼气在满足猪场能源供给的条件下，多余的甲烷气体不能乱排放，其中最简单、最实用的方法就是采用火炬直接燃烧，生成二氧化碳和水。

E 微波催化技术

频率从300MHz~300GHz的电磁波，其方向和大小随时间作周期性变化，微波与废气物分子直接作用，将超高频电磁波能量对废气进行微波辐射，使细胞中极性物质随高频微波场的摆动受到干扰和阻碍，引起微生物细胞的蛋白质，核酸等生物大分子受凝固或变性失活，从而导致其突变或死亡，同时对磁共振使之产生强磁辐射对废气分子进行切割、破坏、断裂。

如：氨、三甲胺、硫化氢、二硫化碳、硫化物和 VOC 类，采用特制合成催化剂对废气进行光合还原反应。可有效地破坏废气中分子链，将有毒有害物质改变成为低分子无害物质，如水和二氧化碳等。

F 光催化方法

光催化氧化是在外界可见光的作用下发生催化作用，光催化氧化反应是半导体及空气为催化剂，以光为能量，将有机物降解为 CO_2 和 H_2O。采用的半导体是目前反应效率最高的纳米 TiO_2 光催化剂。在光催化氧化反应中，通过紫外光照射在纳米 TiO_2 光催化剂上产生电子空穴对，与表面吸附的水分（H_2O）和氧气（O_2）反应生成氧化性很活泼的氢氧自由基（$OH·$）和超氧离子自由基（$O_2·$）。能够把各种废臭气体如醛类、苯类、氨类、胺类、酚类、氮氧化物、硫化物及其他 VOC 类有机物在光催化氧化的作用下还原成二氧化碳（CO_2）、水（H_2O）以及其他无毒无害物质，由于在光催化氧化反应过程中无任何添加剂，所以不会产生二次污染。

光催化反应原理：光催化反应就是让太阳光或其他一定能量的光照射光敏半导体催化剂时，激发半导体的价带电子发生带间跃迁，即从价带跃迁到导带，从而产生光生电子（e^-）和空穴（h^+）。此时吸附在纳米颗粒表面的溶解氧俘获电子形成超氧负离子，而空穴将吸附在催化剂表面的氢氧根离子和水氧化成氢氧自由基。而超氧负离子和氢氧自由基具有很强的氧化性，能使几乎所有的有机污染物氧化至最终产物 CO_2 和 H_2O，甚至对一些无机污染物也能彻底分解，不存在吸附饱和与二次污染问题。

光催化反应过程：TiO_2 具有化学稳定性好、无毒、价廉、易得、具有较正的价带电位和较负的导带电位等特点，是理想的光催化剂，也是目前使用最多的一类光催化剂。

利用纳米 TiO_2 为光催化剂，在溶液或空气中发生多相光催化降解污染物的反应过程大致包括以下几个主要步骤：

（1）TiO_2 在光的照射下，被能量大于或等于其禁带宽度的光子所激发，产生具有一定能量的光生电子（e^-）和空穴（h^+）。

（2）光生电子（e^-）和空穴（h^+）在 TiO_2 颗粒的内部以及界面之间的转移或失活。

（3）光生电子（e^-）和空穴（h^+）到达 TiO_2 粒子表面并与其表面吸附物质或溶剂中的物质发生相互作用，即发生氧化还原反应，从而产生一些具有强氧化性的自由基团（$·OH$，$O_2·$）和具有一定氧化能力的物质（H_2O_2）。

上述产生的具有强氧化性的自由基团和氧化性物质与被降解污染物充分作用，使其氧化或降解为 CO_2 与 H_2O。

当 TiO_2 光催化剂受到大于其禁带能量的光照射时，在其内部和表面都会产生光生电子和光生空穴。一部分光生电子和光生空穴参与光催化反应，另外一部分光生电子与空穴会立即发生复合，以热量的形式散发出去。如果二氧化钛中没有电子和空穴俘获剂，储备的光能在几毫秒的时间内就会通过光生电子和空穴的复合以热能的形式释放出来，或以其他形式散发掉；如果在二氧化钛的表面或者体相中有俘获剂或表面缺陷态时，能够有效阻止光生电子和空穴的重新复合，使电子和空穴有效转移，从而能在催化剂表面发生一系列的氧化-还原反应，将吸收的光能转换为化学能。以下是一些具体的化学反应式：

（1）$TiO_2 + hn \longrightarrow hvb^+ + ecb^-$

（2）$hvb^+ + ecb^- \longrightarrow heat$

（3）$hvb+ + H_2O \longrightarrow \cdot OH + H^+$

（4）$hvb^+ + OH^- \longrightarrow \cdot OH$

（5）$ecb^- + O_2 \longrightarrow O_2^- \cdot$

（6）$O_2^- \cdot + O_2^- \cdot + 2H^+ \longrightarrow H_2O_2 + O_2$

（7）$O_2^- \cdot + H^+ \longrightarrow HO_2 \cdot$

（8）$HO_2 \cdot + H^+ + ecb^- \longrightarrow H_2O_2$

（9）$H_2O_2 + hn \longrightarrow 2 \cdot OH$

（10）$H_2O_2 + ecb^- \longrightarrow \cdot OH + OH^-$

上面的反应式子中，羟基自由基（$\cdot OH$）和超氧离子自由基（$\cdot O_2^-$）都有很强的氧化性，无论它们在气相还是在液相中，都能将一些有机或无机物质氧化，因此，一般认为，$\cdot OH$ 和 $\cdot O_2^-$ 是光催化氧化中主要的也是最重要的活性基团，可以氧化包括自然界中生物难以转化的各种有机物污染物并使之最后降解成 CO_2、H_2O 和无毒矿物。对反应的作用物几乎没有选择性，在光催化氧化反应过程中起着决定性作用。而且由于它们的氧化能力强，氧化反应一般不会停留在中间步骤，因而一般不会产生中间副产物。

光催化氧化处理废气的特点：光催化氧化适合在常温下将有机废臭气体完全氧化成无毒无害物。

绿色能源，光催化氧化利用人工紫外线灯管产生的紫外光真空波作为能源来活化光催化剂，驱动氧化-还原反应，而且光催化剂在反应过程中并不消耗，利用空气中的水和氧作为原料产生氧化剂，有效地降解有毒有害废臭气体成为光催化节约能源的最大特点。

氧化性强，半导体光催化具有氧化性强的特点，对臭氧难以氧化的某些有机物如三氯甲烷、四氯化碳等都能有效地加以分解，所以对难以降解的有机物具有特别意义，光催化的有效氧化剂是氢氧自由基（$OH \cdot$）和超氧离子自由基（$O_2 \cdot$、$O \cdot$），其氧化性高于常见的臭氧、双氧水、高锰酸钾、次氯酸等。

广谱性，光催化氧化对从烃到羧酸的种类众多有机物都有效，即使对原子有机物如卤代烃、染料、含氮有机物、有机磷杀虫剂也有很好的去除效果，只要经过一定时间的反应可达到完全净化。

寿命长，在理论上，光催化剂的寿命是无限长的，无需更换。

G　光催化-等离子组合处理技术

光催化-等离子组合技术是一种复合式氧化技术，VUV/O$_3$/PACS，在等离子发射器及紫外光源发出等离子体和高能光子的共同作用下，设备内部发生等离子体裂解反应、VUV 紫外光解反应、臭氧高级氧化反应、光催化氧化反应以及PACS 协同氧化反应等复杂的过程，有效降解含硫化合物、含氮化合物等猪场臭气、大分子有机物质，经过一系列复杂的氧化还原反应后最终生成小分子化合物CO$_2$ 和 H$_2$O 等。光催化-等离子组合反应模式图如图 4-3 所示。

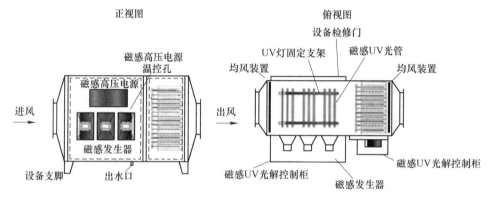

图 4-3　光催化-等离子组合反应模式图

光催化等离子组合反应模块结构图如图 4-4 所示。

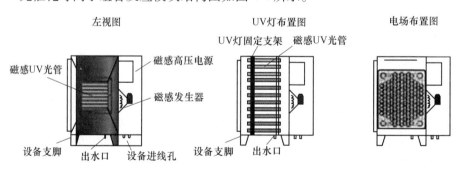

图 4-4　光催化等离子组合反应模块结构图

光催化-等离子组合处理具有如下技术特性：

（1）适用范围广：高能紫外+催化氧化+PACS 协同作用，适用性强，可针对多种有机物和无机污染物。适合在常温下降恶臭气体完全氧化成无毒无害的物质，满足处理高浓度。气量大、稳定性强的有毒有害气体。

（2）运行费用低：设备本体仅消耗电，且功率极低、折合每立方米恶臭气体处理功率仅 0.5~2W。无需专人看护，无频繁更换一般 UV 灯管等类似耗材，维护量少。

（3）高度自动化：整个系统运行安全可靠，可根据需求灵活设备运行时间，真实实现无人值守，系统可根据进气情况（气量、浓度、成分）自动调整运行参数，以最优的能耗比实现净化，满足达标排放。

（4）使用周期长：在理论上，光源和催化剂的寿命是无限长的，实际使用中催化剂的寿命可长达几年而无需更换，且光强不存在衰减的问题。这点是普通紫外灯管所无法比拟的。设备整体采用不锈钢制作，耐高温和腐蚀。

（5）无二次污染：无需添加任何化学试剂，也不存在燃烧法的不完全反应造成二噁英、CO、NO 问题。完全是一种绿色节能净化装置。

5 其他废弃物的处理

5.1 病死猪的处理

统计数据显示，2017年12月，全国能繁母猪存栏3424万头；2017年全国生猪出栏6.89亿头，比上年增加359万头，增长0.5%；猪肉产量5340万吨，增加41万吨，增长0.8%。最近几年来，随着养猪生产规模的不断增长，国内生猪存栏、出栏总量巨大，生猪养殖企业正常淘汰以及病死猪只的数量也随之快速增长。目前，我国的养猪方式正由千家万户分散饲养为主，转向规模化集约化饲养为主，这种趋势越来越明显，是我国养猪业发展的必然选择。但在当前阶段，小型猪场和散养户仍占较大比重，约占总户数的60%以上，这些场（户）分布面广且零散，养殖设施、条件和技术水平相对较差，导致猪病死率较高，病死猪只死亡数量大，加之有些养殖户法律意识淡薄，对病死猪无害化处理的认识严重不足，这是我国病死猪无害化处理面对的一个主要难题。据专家估计，我国每年因各类疾病引起猪的死亡率为8%~12%，给养猪业造成了重大的损失，病死猪无害化处理工作业已成为动物防疫工作的重要组成部分，对保障养殖业安全、动物源性食品安全以及公共卫生安全意义重大。自2013年"黄浦江上游死猪漂浮"事件及2014年江西高安"病死猪屠宰加工事件"的发生以来，引发了社会的高度关注，暴露出我国病死猪处理工作存在诸多问题。国务院、农业农村部等层面高度重视，出台《国务院办公厅关于建立病死猪无害化处理机制的意见》，全力保障病死猪无害化处理工作平稳有效开展。病死猪科学合理的处理尤其是病死猪的无害化处理已经成为我国生猪产业可持续发展的必由之路。

我国病死猪无害化处理主要涉及三个层次和规模：第一，规模养猪场、屠宰加工厂等就地处理，做到有病死猪不出场（厂）；第二，农村散养户的相对集中处理，做到病死猪不出乡镇或至少不出县；第三，中小型无害化处理场的集中处理，满足对重大动物疫情处理的需要。规模养猪场和农村散养户的无害化处理显得尤为重要，是我国病死猪无害化处理的重点，而农村散养户更是难点。此外，不同疫病引起的病死猪无害化处理要求是不同的，应区别处理，这也是病死猪无害化处理涉及的一个重要难题。

5.1.1 病死猪无害化处理概念

病死猪无害化处理是指用利用物理、化学、生物等方法处理病死猪及相关猪肉产品，消灭其所携带的病原体，进而消除病死猪危害的过程。根据这个概念，病死猪无害化处理应具有两个目标：一是消灭病原微生物的危害；二是消除猪尸体的危害。这两个目标是与消灭病死猪的危害相对应的，病死猪的危害主要涉及三方面内容，即动物疫病传播，动物食品安全和生态环境安全，其中消灭病原微生物主要与动物疫病传播相对应，消除尸体危害主要与动物食品安全和生态环境安全相对应。

5.1.2 病死猪无害化处理的必要性

病死猪一般都不同程度携带传染病病原体，不进行无害化处理，一是可能会传播动物疫病，甚至引起大规模的畜禽死亡，给养殖业造成极大的经济损失；二是丢弃在自然环境环境中，极易污染空气、水源等；三是由于缺乏相关的病死猪无害化处理长效应对机制，导致社会公共卫生安全、食品安全。比如，社会上出现过不法之徒跨省长期联合收购、屠宰、加工、销售大宗病死猪，涉案金额达数千万元。病死猪被不法分子加工、贩卖，被人食用后，可能会导致人感染人畜共患病或发生食物中毒等事件，给消费者身心健康带来严重威胁。因此，病死猪无害化处理是畜禽养殖清洁生产关键环节之一，是避免动物疫病发生的重要措施，也是提升食品安全的重要举措之一，关系到畜牧业的健康发展、食品质量安全、公共卫生安全和人民群众的身体健康。

5.1.3 无害化处理的原则

为了畜产品质量安全，保护人民身体健康，尽快彻底扑灭动物疫病，消灭疫源，规范养殖场无害化处理工作，保障养殖业生产安全，根据《中华人民共和国动物防疫法》《重大动物疫情应急条例》等相关法律法规之规定，病死猪无害化处理应该遵循如下原则：

（1）当猪场发生疫病死亡时，必须坚持五不原则：即不宰杀、不贩运、不买卖、不丢弃、不食用，进行彻底的无害化处理。

（2）有条件的猪场必须根据养殖规模在场内下风口修无害化处理化尸池或生物发酵池。

（3）当猪场发生重大动物疫情时，除对病死动物进行无害化处理，还应根据动物防疫主管部门的规定，主动向相关行政执法部门上报疫情，在相关部门的指导下，对同群或染疫的动物进行扑杀，并进行无害化处理。

（4）无害化处理过程必须在驻场兽医或上级防疫部门的监督下进行，并认真对无害化处理的猪只数量、死因、体重及处理方法、时间等进行详细的记录、记载。

（5）无害化处理完后，必须彻底对其圈舍、用具、道路等进行消毒，防止病原传播。

（6）掩埋地应设立明显的标志，当土开裂或下陷时，应及时填土，防止液体渗漏和野犬刨出动物尸体。

（7）在无害化处理过程中及疫病流行期间要注意个人防护，防止人畜共患病传染给人。

5.1.4　病死猪无害化处理方式

根据中华人民共和国农业部颁布的《病死动物无害化处理技术规范》（农医发〔2013〕34号），明确规定我国病死动物无害化处理技术主要包括深埋法、化尸池处理法、焚烧法、化制法、生物发酵堆肥法以及辅热快速生物发酵法等处理方法。

5.1.4.1　深埋法

深埋法是指按照相关规定，将病死及病害动物尸体及相关动物产品投入深埋坑中并覆盖、消毒，发酵或分解动物尸体及相关动物产品的方法，是处理病死猪的一种最常用又比较可靠、简单易行的无害化处理方法。

A　地点的选择

深埋地点选择应远离学校、居民区、住宅道路、河流水源、屠宰场、饲养场、交通要道、居民区、饮水源、泄洪区、交通要道、学校，土质干燥，地下水位低的地方，避开公共视野，不影响工农业生产，位于主导风向的下向的偏僻地方，减轻尸体发酵所产生的有害气体对空气的影响。

B　掩埋坑的要求

用挖掘机、装卸机、推土机、平路机等用于挖掘大型掩埋坑。挖坑的大小主要取决于所掩埋物品的多少，部分取决于机械、场地构造。掩埋坑尽可能深些（2~7m），坑壁垂直最佳。坑的底部要求高出地下水位至少1.5m，每头猪约需1立方米填埋空间，要防渗、防漏。掩埋物的上层距坑面或地面至少1.5m。掩埋病死猪前，宽度以能让机械平稳地水平填埋处理物品为宜。推土机掩埋大约3m宽。适宜的宽度是避免填埋时在坑中移动病死猪的尸体。

C　操作过程

在整个无害化处理过程中，相关部门监管兽医要指导、监管、拍照存档。掩埋前，应对大的病死猪进行剖腹处理，在掩埋坑底部洒上漂白粉、生石灰或者其他固体消毒剂，厚度2cm以上，一般每平方米1kg左右，掩埋尸体量大的应适量添加。病死猪尸体上先用10%漂白粉消毒液喷雾消毒，按每平方米约200mL作用2h。将消毒后病死猪的尸体投入坑内，使之仰卧，并将其渗染的土层、运尸体的其他污染物如垫带、绳索、饲料等物品一起入坑。先用40cm土层覆盖尸体，然后每平方米放入熟石灰或干漂白粉 20~40g，或 2~5cm 厚，再覆土掩埋，覆盖土层厚度 1.5m 以上，最后平整地面，深埋覆土不要太实，以免腐败产气造成气泡冒出和液体渗漏。深埋后，立即用氯制剂、漂白粉或生石灰等消毒药对深埋场所进行 1 次彻底消毒。并且作醒目标识。检查掩埋场地，及时发现遗漏问题并进行处置。

D 掩埋后检查

深埋覆土不要太实，以免腐败产气造成气泡冒出和液体渗漏。深埋后，要定期检查，防止被肉食动物如犬猫钻洞扒盗掘。第一周内应每日巡查 1 次，第二周起应每周巡查 1 次，连续巡查 3 个月，深埋坑塌陷处应及时加盖覆土。

E 适用对象

深埋法适用于非烈性传染病死亡的猪。不得用于患有炭疽等芽孢杆菌类疫病，以及牛海绵状脑病、痒病的染疫动物及产品、组织的处理。

5.1.4.2 化尸池（沉尸井）处理法

建造一个容积大的带密封盖的水泥池井（俗称化尸池，池底池壁水泥硬化），把病死猪投进化尸池，放进烧碱，再用盖封紧井口，让病死猪的尸体化学分解的处理方式，称为化尸池（沉尸井）处理法。化尸池处理建设成本低，无需运行成本，能就近处理病死动物，方便快捷，相比其他处理方式，无害化处理池是当前养殖场最为经济和实用的处理方式。

化尸池处理方法是目前病死畜禽无害化处理比较科学、适用的办法，适用于规模化程度高的养殖场，每个规模场均能自行建设，易于操作和管理，后期处理费用很小，通过无害化处理池的方式处理病死猪，选择在较大规模养殖场建设无害化处理池，在散养相对集中区域建造公共无害化处理池。

（1）选址。选择地势较高、处于下风向，远离居民居住区、公共场所，远离饮用水源地等地区，还要远离动物饲养场。

（2）防渗漏。用钢筋混凝土浇筑，防止池内池外相互渗漏，避免病原体污染环境。

（3）确保密闭井盖密闭，防止气味溢出影响空气环境。

（4）根据养殖规模，修建不同容积的化尸池，一般情况要同时修建 2 个及以上化尸池，满足正常情况下，放满 1 个池需要 1 年时间，密闭 1 年时间，尸体全部腐烂，通过消毒、焚烧残余物等方式达到无害化处理目的。

（5）专人管理，防止不安全事件发生。病死动物从收集、运输、投放、消毒、密闭到清理全过程要求做好人员的生物安全防范措施。

（6）存在的问题化尸池前期建设成本费用较高，据调查了解，每建设 1m³ 化尸池，包工包料大约需人民币 150~200 元/m³，因此，建 1 个 300m³ 池约需资金 0.6 万元。大部分养殖场原有养殖规模较小，化尸池未同时建设，有的场规模扩大后化尸池没有及时补充建设，造成病死猪无害化处理能力不足。其次，尸体分解需较长时间，100～150kg 的大猪或公母猪约需一年以上的时间才能分解，大量的骨头无法及时处理，导致许多猪场存在满载、超载的现象出现。

水泥结构的化尸井如图 5-1 所示。

图 5-1 水泥结构的化尸井

化尸井口配盖，使用生石灰密闭井口如图 5-2 所示。

图 5-2 化尸井口配盖，使用生石灰密闭井口

5.1.4.3 焚烧法

焚烧法是指在焚烧容器内，使动物尸体及相关动物产品在富氧或无氧条件下

进行氧化反应或热解反应的方法，最后把病死动物变为灰渣。

本方法适用对象是国家规定的染疫动物及其产品、病死或者死因不明的动物尸体、屠宰前确认的病害动物、屠宰过程中经检疫或肉品品质检验确认为不可食用的动物产品，以及其他的应当进行无害化处理的动物及动物产品。

A　直接焚烧法

可视情况对病死及病害动物和相关动物产品进行破碎等预处理。

a　方法一：火床焚烧法

（1）地点选择。焚烧选择远离居民区、建筑物、易燃物品。焚化堆上面不能有电线、电话线，地下无自来水、燃气管道，周围有足够防火带，避开公共视野的较清静地带。焚化堆应位于主导风向下方。

（2）火床准备。火床种类由十字坑、单坑、双坑。坑长、宽、深分别为2.5m、1.5m、0.7m，将取出的土堆堵在坑沿两侧。坑内堆满木柴，坑沿横架数条粗湿木棍，将病死猪尸体放在架上，在尸体周围及上面再放些干柴，干柴上倒些汽油，再压上砖头或石块等。

（3）焚烧。将尸体横放在火床上，较大的病死猪尸体放在底部，较小的放在上部，尸体背部朝下，头尾交叉。尸体放在火床上后，可切断尸体四肢，防止燃烧时肢体伸展。尸体堆放好后，如气候条件适宜，用柴油烧透木柴和尸体，然后距火床10m处点火。点火用煤油浸泡过的破布、麻秆等引火物，点火后保持火焰持续燃烧，必要时及时添加干柴。

b　方法二：焚烧炉焚烧法

将病死及病害动物和相关动物产品或破碎产物，投至焚烧炉本体燃烧室，经充分氧化、热解，产生的高温烟气进入二次燃烧室继续燃烧，产生的炉渣经出渣机排出。

燃烧室温度应不小于850℃。燃烧所产生的烟气从最后的助燃空气喷射口或燃烧器出口到换热面或烟道冷风引射口之间的停留时间应不小于2s。焚烧炉出口烟气中氧含量应为6%~10%（干气）。

二次燃烧室出口烟气经余热利用系统、烟气净化系统处理，达到GB16297要求后排放。焚烧炉渣与除尘设备收集的焚烧飞灰应分别收集、贮存和运输。焚烧炉渣按一般固体废物处理或作资源化利用；焚烧飞灰和其他尾气净化装置收集的固体废物需按GB5085.3要求作危险废物鉴定，如属于危险废物，则按GB18484和GB18597要求处理。

操作注意事项：

严格控制焚烧进料频率和重量，使病死及病害动物和相关动物产品能够充分与空气接触，保证完全燃烧。燃烧室内应保持负压状态，避免焚烧过程中发生烟气泄露。二次燃烧室顶部设紧急排放烟囱，应急时开启。烟气净化系统，包括急冷塔、引风机等设施。

　　B　炭化焚烧法

　　病死及病害动物和相关动物产品投至热解炭化室，在无氧情况下经充分热解，产生的热解烟气进入二次燃烧室继续燃烧，产生的固体炭化物残渣经热解炭化室排出。热解温度应不小于600℃，二次燃烧室温度不小于850℃，焚烧后烟气在850℃以上停留时间不小于2s。烟气经过热解炭化室热能回收后，降至600℃左右，经烟气净化系统处理，达到GB16297要求后排放。操作注意事项应检查热解炭化系统的炉门密封性，以保证热解炭化室的隔氧状态。应定期检查和清理热解气输出管道，以免发生阻塞。

　　热解炭化室顶部需设置与大气相连的防爆口，热解炭化室内压力过大时可自动开启泄压。应根据处理物种类、体积等严格控制热解的温度、升温速度及物料在热解炭化室里的停留时间。

　　对发生一类动物疫病（如：猪瘟、口蹄疫、猪水泡病等）以及炭疽、结核等重点动物疫病死亡的猪必须在焚烧炉内处理。搬运尸体时，需用消毒液浸湿的棉花或破布把死猪的肛门、鼻孔、嘴、耳朵等天然孔堵塞，防止血水等流在地面上。应用封闭车运输包裹好的病死猪到焚烧场地。将病死猪的整个尸体或内脏、病变部分投入焚化炉中烧毁炭化。如无焚化炉，可挖掘焚尸坑，将尸体放在木柴上，在尸体周围也放置木柴，浇上柴油，用火焚烧，直到尸体烧成黑炭灰烬为止。灰烬表面撒布消毒剂，并把黑炭灰烬埋在坑里，填土夯实，对周围地面环境再次消毒。

5.1.4.4　化制法

　　化制法是通过工业化设备对动物尸体进行高温高压处理的方法，是把猪尸体转化为有营养价值且生物安全性好的副产品的最佳方法。主要是把动物尸体或废弃物在高温高压处理的基础上，再进一步处理为肥料、肉骨粉、工业用油、胶、皮革等产品的过程。具体的说，化制法是指在密闭的高压容器内，通过向容器夹层或容器通入高温饱和蒸汽，在干热、压力或高温的作用下，处理动物尸体及相关动物产品的方法。不得用于患有炭疽等芽孢杆菌类疫病，以及牛海绵状脑病、痒病的染疫动物及产品、组织的处理。

　　A　干化法

　　可视情况对病死及病害动物和相关动物产品进行破碎等预处理。病死及病害动物和相关动物产品或破碎产物输送入高温高压灭菌容器。处理物中心温度≥140℃，压力不小于0.5MPa（绝对压力），时间不小于4h（具体处理时间随处理物种类和体积大小而设定）。加热烘干产生的热蒸汽经废气处理系统后排出。加热烘干产生的动物尸体残渣传输至压榨系统处理。

操作注意事项：搅拌系统的工作时间应以烘干剩余物基本不含水分为宜，根据处理物量的多少，适当延长或缩短搅拌时间。应使用合理的污水处理系统，有效去除有机物、氨氮，达到 GB8978 要求。应使用合理的废气处理系统，有效吸收处理过程中动物尸体腐败产生的恶臭气体，达到 GB16297 要求后排放。高温高压灭菌容器操作人员应符合相关专业要求，持证上岗。处理结束后，需对墙面、地面及其相关工具进行彻底清洗消毒。

B　湿化法

可视情况对病死及病害动物和相关动物产品进行破碎预处理。将病死及病害动物和相关动物产品或破碎产物送入高温高压容器，总质量不得超过容器总承受力的 4/5。处理物中心温度 ≥135℃，压力 ≥0.3MPa（绝对压力），处理时间 ≥30min（具体处理时间随处理物种类和体积大小而设定）。高温高压结束后，对处理产物进行初次固液分离。固体物经破碎处理后，送入烘干系统；液体部分送入油水分离系统处理。

操作注意事项：高温高压容器操作人员应符合相关专业要求，持证上岗。处理结束后，需对墙面、地面及其相关工具进行彻底清洗消毒。冷凝排放水应冷却后排放，产生的废水应经污水处理系统处理，达到 GB8978 要求。处理车间废气应通过安装自动喷淋消毒系统、排风系统和高效微粒空气过滤器（HEPA 过滤器）等进行处理，达到 GB16297 要求后排放。

C　优缺点

处理后成品为富含氨基酸、微量元素等的高档有机肥，可用于农作物种植，实现资源循环；无须肢解动物，处理物、产物均在设备中完成，实现全自动化操作；处理过程无烟、无臭、无污水排放，符合绿色环保要求；高温处理，可完全杀灭所有有害病原体。所以生产中如果操作得当，可最大限度地实现废物的资源化，蒸煮产生的废油、废渣都有较高的利用价值，可以实现变废为宝的理念。缺点主要体现在处理量大、工艺较复杂、有异味、运行成本较高等方面。

5.1.4.5　生物发酵堆肥法

将病死猪尸体抛入尸体池内，利用生物热的方法将尸体发酵分解，以达到消毒的目的，最后把病死猪变为有机肥源以达到消毒的目的。该方法是现阶段最有效的病死猪处理方式。将病死猪的尸体抛入化尸池，利用化学物质将尸体发酵分解。在投放病死猪的过程中加入适量的谷壳、锯屑、发酵生物菌等，3~8 个月之后，尸体完全腐败分解，此时可以挖出做肥料。

生物发酵堆肥处理法需要通过建立发酵池，运用稻壳、锯末屑等垫料提供碳源，以埋入垫料中的病死猪尸体为氮源，通过添加微生物菌种进行好氧堆制发酵，利用好氧微生物对动物尸体分解有机质产热，一定时间内使垫料内部高达

60~70℃的高温来降解腐熟动物尸体，抑制和杀灭病原微生物，使之成为一种可贮藏、处置以及土地利用的物质，实现病死猪的无害化处理。在通过 3~8 个月的堆肥处理后，木屑和动物尸体可以化为一体，形成熟化的堆肥，熟化的堆肥可重复利用，作为覆盖层，重复利用 2~3 次后，可用作有机肥，施入田地。生物发酵堆肥处理建筑工艺简单，材料易得，成本低，处理时间短，无污染，效果也不错。所以现在越来越多的猪场选择堆肥发酵来处理动物尸体，堆肥处理已经被证明是一种高效的猪尸体处理方法。

A　生物发酵基地选址

应选择在远离居民区、溪流、池塘和水井等的山顶或山顶附近交通便利的地方。如果堆肥基地必须建在斜坡下方，则应在堆肥基地的上坡面建造导水渠，避免地表水从高处流经堆肥系统，从而造成污染。

B　生物发酵基地设计

一般需要 3 个以上的发酵池，较大的堆肥系统需要更多的发酵池。发酵池的面积和体积与堆肥系统的大小和猪场的年均病死猪数量有关。

C　生物发酵基地建设

堆肥基地分为两种：一种是顶盖的，另一种是露天的，通常依据具体情况来选择。堆肥基地可用干草堆或混凝土建造，用干草建造时，干草需扎成圆柱形，直径 1.5~1.8m，首尾相连围成发酵池，相比于混凝土建造的发酵池，干草发酵池的建造成本低、简单，但是不耐用，也容易受天气影响和人为损坏，推荐采用混凝土建造发酵池。

D　生物发酵条件

生物发酵需要碳源、合适的碳氮比、适宜的水分、适宜的温度、适宜的处理时间。其中，锯末是理想的碳源，理想的碳氮比是 25：1，堆料中理想含水量是 50%~60%，适宜的堆肥温度是 55~70℃，一般处理时间为 3~8 个月。

E　生物发酵技术要点

a　发酵点建设

排发酵舍，内设多个发酵池、1 个贮料间，距离生产、生活区 50m 以上，每个池大约 3m(宽)×5m(进深)，砌三面墙体，墙体水泥膏抹面、高度 1.5~2m，地面平整、经防渗处理，搭防雨淋、日晒顶棚，有宽敞的通道和运送（病死猪）坡道，四周有围墙配有门锁，防猫、犬、禽等动物进出、掀扒。

b　操作规范

放病死猪前，先在地面铺一层 30cm 的木屑，如果是大于 100kg 的病死猪则铺 40cm；在尸体表面完全覆盖一层 20cm 厚的木屑，病死猪之间，需留 20~30cm 的间距并用木屑填充（如是死胎、胎衣及哺乳仔猪，则可以适当缩小间距堆放）；尸体离墙边 20cm，也应填满木屑；可随时、连续堆放病死猪，每个发酵池堆满病死猪后，在其表面覆盖最后一层 20cm 厚的木屑，即可封池，发酵堆上面覆盖一层薄膜，可以防止水分过度蒸发。

F 注意事项

在无害化处理过程中，注意运输病死猪的用具、车辆、尸体躺过的地方、圈舍，工作人员的手套、衣物、鞋靴等均要进行严格的消毒。参与处理的人员要做好个人安全防护，特别是皮肤有破损者，不能参与处置。生物发酵法处理病死猪见图5-3。

图 5-3　生物发酵法处理病死猪

5.1.4.6　热辅快速生物发酵法

热辅快速生物发酵技术是利用机械设备的分割绞碎功能，以及耐高温益生菌的高效发酵功能，结合可编程逻辑控制器（PLC，Programmable Logic Controller）智能化控制系统，先通过传动系统低速旋转，使病死猪尸体在容器内分割绞碎，然后使用加热系统使其充分加热，再配合一定剂量的耐高温益生菌使之发酵、降解、灭菌。病死猪尸体经过机械分割、高温杀菌、益生菌发酵降解等工序后，处理为有机肥料。

该工艺的优点是能将完整病死猪尸体等原料直接进行处理，无须人工分割，克服焚烧、掩埋等传统方法带来的弊端，机器自动完成，最大限度减少人与患畜接触，有效防止病原菌传播。不存在生物安全及二次污染环境的风险。其处理原理是将病死动物投入设备的料桶中，配上垫料及生物菌、启动设备、切割、粉碎、加热、发酵、烘干，高温灭菌全自动一次性完成，24 小时内就能完场一次处理，并且 PLC 智能化控制系统的运用，极大地节省了人工、降低了处理成本，且处理后的产品为有机肥料，生态环保，良性循环。

高温生物降解法是在封闭环境中处理，此法具有以下优点：一是可以彻底消灭病原微生物，高温发酵双重作用，效果更加可靠；二是环保无污染，处理过程无烟、无恶臭气味产生，无废水排放，不需高压和锅炉，杜绝了安全隐患，同时具有节能、运行成本较低等优点；三是占用场地小，每台设备仅需 60m² 场地；四是操作简单，工作效率较高，每台机器每年可以处理 10000~15000 头病死猪；五是实现资源循环利用，处理后所生产的生物有机肥或生物蛋白粉是很好的有机肥原料，提高了废物的附加值，实现养殖废弃物的综合利用，可促进农牧业生产良性循环。因此，其具有快速、环保、节约、高效的优点，不影响环境，不消耗常规能源，需要的资金较少，不需要太多人力和物力，维护容易。能直接彻底地杀灭微生物和寄生虫，有效地降解动物尸体和组织，且降解产生的产物可用来作为肥料。在日本、北美、欧洲的兽医机构、养殖场、屠宰场，都积极使用这种无害化处理技术。

　　一种快速辅热生物发酵处理机如图 5-4 所示。

图 5-4　一种快速辅热生物发酵处理机

　　投放病死猪如图 5-5 所示。

　　处理结果如图 5-6 所示。

5.1.4.7　化学处理法（硫酸分解法）

　　可视情况对病死及病害动物和相关动物产品进行破碎等预处理。将病死及病害动物和相关动物产品或破碎产物，投至耐酸的水解罐中，按每吨处理物加入水 150~300kg，后加入 98% 的浓硫酸 300~400kg（具体加入水和浓硫酸量随处理物的含水量而设定）。密闭水解罐，加热使水解罐内升至 100~108℃，维持压力≥0.15MPa，反应时间≥4h，至罐体内的病死及病害动物和相关动物产品完

图 5-5　投放病死猪

图 5-6　处理结果

全分解为液态。

　　操作注意事项：处理中使用的强酸应按国家危险化学品安全管理、易制毒化学品管理有关规定执行，操作人员应做好个人防护。水解过程中要先将水加入耐酸的水解罐中，然后加入浓硫酸。控制处理物总体积不得超过容器容量的 70%。酸解反应的容器及储存酸解液的容器均要求耐强酸。

5.1.5　病死猪处理的其他要求

5.1.5.1　人员防护

　　病死及病害动物和相关动物产品的收集、暂存、转运、无害化处理操作的工作人员应经过专门培训，掌握相应的动物防疫知识。工作人员在操作过程中应穿戴防护服、口罩、护目镜、胶鞋及手套等防护用具。工作人员应使用专用的收集工具、包装用品、转运工具、清洗工具、消毒器材等。工作完毕后，应对一次性防护用品作销毁处理，对循环使用的防护用品消毒处理。

5.1.5.2 记录要求

病死及病害动物和相关动物产品的收集、暂存、转运、无害化处理等环节应建有台账和记录。有条件的地方应保存转运车辆行车信息和相关环节视频记录。

A 台账和记录

接收台账和记录应包括病死及病害动物和相关动物产品来源场（户）、种类、数量、动物标识号、死亡原因、消毒方法、收集时间、经办人员等。运出台账和记录应包括运输人员、联系方式、转运时间、车牌号、病死及病害动物和相关动物产品种类、数量、动物标识号、消毒方法、转运目的地以及经办人员等。

B 处理环节

接收台账和记录应包括病死及病害动物和相关动物产品来源、种类、数量、动物标识号、转运人员、联系方式、车牌号、接收时间及经手人员等。处理台账和记录应包括处理时间、处理方式、处理数量及操作人员等。涉及病死及病害动物和相关动物产品无害化处理的台账和记录至少要保存两年。

5.1.6 病死猪处理目前存在的问题

在一些偏远地方，散养或者小规模猪场还存在不经处理随意掩埋，将病死猪就近掩埋在沟坎或靠近养猪场附近的农田中；掩埋在距离居民区、饲养区以及江河、湖泊、井水、池塘等水体不到100m的位置，但掩埋深度不够；另外，还有就是随便找地焚烧、化尸制肥等。

5.1.6.1 收集点和处理中心设定位置难

当前各地的养殖数量、经济发展水平和土地使用政策不一，有时考虑到了地理优势，但却找不到合适的地方，有时找到地方，但位置却很偏僻，交通不便利，同时还要远离居民区、水源地、公共场所，遵循当地的民俗民风等。

5.1.6.2 无害化处理工艺提高难

近年来，中国部分地区相继建成了各自的无害化处理体系，其中无害化处理的方式存在各自的特点，有直接打碎焚烧的，有化制处理的，有生物降解的，有直接填埋的，但这些方法不是处理费用高，就是耗时长，土地利用率低。目前还没有低能耗、省时、省力的无害化处理工艺。如何提升无害化处理工艺仍是一个值得研究的课题。

5.1.6.3 无害化处理全覆盖难

中国养猪数量居世界前列，虽然规模比例逐年加大，但散养户仍将长期存在。散养户大都年龄层次大，文化水平低，因而对我国实行的病死猪处理的政策不理解，为图方便，会将生产环节中出现的病死猪乱丢弃。也有个别养殖户法制意识淡薄，为了自身利益，将病死猪卖给不法商贩。但随着各级政府对非法处理病死猪打击力度的加大，这种现象也越来越少。

5.1.6.4 病死猪的收集运输难

农村猪舍一般都建在比较偏僻的地方，交通不便利，中、大型车辆难以通过，只能因地制宜用三轮车甚至自行车等便捷工具来运送病死猪，存在一定的生物安全隐患。方式灵活，突破瓶颈在使用深埋、焚烧还是化制、发酵等方式的选择上，兽医主管部门积极引导，只要符合规范和标准进行无害化处理病死猪，都是被认可的。这种做法让零星散养户、家庭养殖户、规模化养殖户等都能找到合适自己的方式进行无害化处理，有效提高了无害化处理的可操作性。

综上所述，因为养殖业的不断发展，导致动物的疫病也日趋复杂化，人们对食品安全越来越重视，这就要求做好病死动物及其产品的无害化处理。加强病死动物及其产品无害化处理是中国一项重大的民生工程，也是构建"两型社会"的必然要求。病死猪无害化处理工作是一项长期工作，需要积极行动起来，宣传无害化处理的重要性，增强消费者对病死猪及其产品的识别能力；营造共同做好病死猪及其产品无害化处理工作的良好氛围，切实保障人们的健康发展和公共卫生安全。

5.1.7 病死猪处理展望

5.1.7.1 完善市场准入，优化养猪环境

养猪生产再不能一哄而上，职能部门批建养猪场的同时，就要审定病死猪无害化处理事项，两者必须配套同步。小型养猪场和散养户也要具备无害化处理的具体措施。各地编制畜牧业发展规划时，要依法划定禁养区、限养区，禁止在生活饮用水源地、风景名胜区、自然保护区的核心区和缓冲区以及其他人口集中区域养猪。根据城市发展总体规划，养猪区应在距离城区20km以外、不占良田、位于河流下方的地方。政府划拨一定区域的土地，以年出栏一定数量的规模设计，实行"政府搭台、企业唱戏"，吸引有资金的社会专业人员来养猪。养猪区内外设有防疫隔离带，距离园区5km处有粪便、尸体无害化处理设施。同时，对小型和散养猪场（户）进行清理整治，坚决拆除各类违章搭建的养猪棚舍和临时养猪设施。

5.1.7.2 配套无害化处理设施

为了完善无害化处理制度，形成长效机制，各级政府应对辖区内养猪生产进行科学长远规划，配套建设足够的无害化处理厂，实施专项扶持设施建设资金。如浙江、江苏等省给予建设无害化处理厂相应资金帮扶，由政府按 80 元/头的标准补助处理病死猪，市级财政按全市年出栏生猪头数的基数、以每年每头补助 1 元的标准对无害化处理厂再进行补贴。要求县市级政府至少在辖区内要建立 1 个病死猪无害化处理厂，科学测算辐射范围，并配齐运输车辆、装尸袋及相应设备。乡镇或村根据养猪场（户）分布状况，设立零散的病死猪集中收集点，购置冷冻贮藏设施及短途运输车辆等。对集中处理模式和规模养猪场自行处理模式明确了各自经费补助政策和标准，并将补助范围扩大到所有养户，实现了病死猪无害化处理补贴全覆盖，取得了良好效果。在落实扶持生猪生产等政策和项目的过程中，政府要加大对无害化处理设施设备的投入力度。畜牧兽医主管部门与财政部门要制定病死猪及其产品无害化处理补助政策，按照"谁处理、补助谁"的原则，落实无害化处理补助经费，对各类病死猪及其产品无害化收集、运行和处理予以补助，并逐步将病死猪损失和无害化处理费用全面纳入财政补助范围。

A　将病死猪进行无害化处理，有利于资源回收

将病死猪进行封闭收集之后运送到无害化处理中心，进行相应的处理之后，加工成饲料或者是有机肥料等资源进行重新利用。因为运输过程全称是密封的，所以避免了二次污染。

B　无害化处理涉及范围较广，有利于城市公共卫生发展

无害化处理不仅仅适用于养殖和屠宰环节发现的病死猪，它还适用于质监部门收缴的不合格农畜产品，或者是经检验发现存在疫病的动物。建立统一的无害化处理中心，有利于合理规避病死动物乱扔乱埋等现象，一定程度上有利于城市整体发展。

增强农户对病死猪进行无害化处理的积极性，降低农户的养殖风险建立无害化处理中心，实行统一收集和集中化处理的运营模式，其费用由政府财政实行统一拨款；这样一来，便解决了农户对病死猪进行无害化处理费用过高的问题，一定程度上提高了农户的养殖积极性，最大限度的减少了疫病传播的风险。

5.2 兽用医疗废弃物处理

目前，随着生猪养殖集约化、规模化快速发展，活猪及生鲜猪肉产品流通速度的加快，猪场疫病日趋复杂。养殖企业为有效防控猪场疾病，在强化生物安全措施同时，不得不增加疾病防疫种类和免疫接种密度，强化消毒、防疫、治疗等措施及相关药物、疫苗的投入和使用，随之形成的兽医医疗废弃物的种类和数量

也大量增加。比如，国内猪场常年免疫接种口蹄疫、猪瘟、乙脑、细小、伪狂犬、高致病性猪蓝耳病、猪圆环病毒病等病毒性疫苗和猪气喘病、猪链球菌病等细菌性菌苗，产生相当规模的医疗废弃物，加之平时诊断、治疗、保健产生的医疗废弃物，数量不少。若以每10头猪每年使用1kg动物医疗废弃物计算，出栏万头肥猪猪场每年的医疗废弃物重量就有1000kg左右。

猪场医疗废弃物必须依法严格管理，严禁随意焚烧、掩埋、丢弃、扩散。科学规范地分类、贮存、收集、运输、处理兽医医疗废弃物对保障人畜安全和保护自然生态环境，具有重要的现实意义和深远的历史意义。

5.2.1 猪场医疗废弃物概念及分类

5.2.1.1 猪场医疗废弃物概念

猪场医疗废弃物是猪场相关从业人员（兽医）在猪场内开展现场消毒防疫、临床和实验室疫病诊断、抗体水平监测、临床治疗等活动中产生的废弃物，主要包括药品包装瓶、盒，诊断试剂，临床病料，过期变质药品等兽医医疗废弃物。这些垃圾废弃物通常含玻璃碎片、尖锐针头、腐蚀性、刺激性液体以及病原菌或病毒残留等，往往具有直接或间接感染性、毒性以及其他危害性。如果管理不到位、处理不恰当，将会成为重要的动物疫病和环境污染源，威胁猪群健康，破坏生态环境。

5.2.1.2 猪场医疗废弃的类别

猪场兽医医疗废弃物按构成可分为下列类别，如兽医临床诊疗过程中产生的病死猪的组织、器官、血液、尸体、排泄物等传染性废物；盛装疫苗、药物的西林瓶或安瓿、废弃针头、注射器、手术刀片等能够刺伤或者割伤人体的锐器的损伤性废物；盛装各类药品或试剂的包装盒瓶；有毒性、刺激性、腐蚀性的化学试剂或过期变质的消毒药物，治疗、预防药物等。猪场常见兽医医疗废弃物类别见表5-1。

表5-1 猪场常见兽医医疗废弃物类别

种 类	主要构成成分
损伤性废物	1. 安瓿、西林瓶、玻璃试剂瓶、载玻片、盖玻片、玻璃碎片等； 2. 剖解锐器如手术刀片、手术刀柄、镊子、剪刀、止血钳等； 3. 免疫、治疗器械，包括金属、塑料注射器、各型号的针头、输液器、采血针器等
药物性废物	1. 废弃的预防、治疗性抗生素或化学合成药等； 2. 过期、变质的疫苗、诊断试剂等； 3. 过期、变质的灭鼠、灭蚊蝇等药物
化学性废物	1. 猪场兽医实验室废弃的化学试剂； 2. 废弃的各类化学消毒剂

种　类	主要构成成分
病理性废物	1. 临床解剖产生的脏器、组织等； 2. 阉割、直肠修复等手术完成后的废弃组织、器官等
感染性废物	1. 呕吐物、排泄物污染的麻袋、垫料等； 2. 废弃的盛装血样、病料的容器及血样、病料组织等； 3. 废弃的细菌培养基、病毒培养液、菌种、毒种及检测试剂盒的阴阳性对照
废弃性包装物	1. 盛装治疗、预防药物的包装盒、包装瓶； 2. 盛装各类化学消毒药物的包装瓶、包装盒

5.2.2　猪场医疗废弃物处理现状

目前，多数中小规模猪场仅仅将医疗废弃物中的疫苗瓶或注射器、针头进行煮沸或高压蒸汽消毒，消毒后疫苗瓶等常与其他生活垃圾混合在一起，等同生活垃圾简单处理。部分小猪场甚至对疫苗瓶、诊断试剂等具有感染性的医疗废弃物不做任何生物安全处理，直接在猪场内就近倾倒或简单掩埋，给猪场生物安全造成极大的危害。只有极少数规模猪场将医疗废弃物送往医院代为处理或者直接联系具有资质的医疗废弃物处理机构处理。

5.2.3　存在的主要问题

因为缺乏对兽医医疗废弃物的分类、收集、贮存、运输、处理的系统性标准和法规，造成兽用医疗废弃物处理工作中的无规可查。猪场兽医及相关生产管理人员无法科学、规范地开展对场内医疗废弃物、分类、贮存、收集、运输等预处理措施，导致医疗废弃物很难达到规划的无害化处理结果。

5.2.3.1　缺乏相关法律法规

目前，我国还没有专门针对动物医疗废弃处理的相关法律条款，在现有的相关法律法规中，仅仅查询到在《病原微生物实验室生物安全管理条例》《中华人民共和国动物防疫法》农业部《高致病性动物病原微生物实验室生物安全管理审批办法》《兽医实验室生物安全管理规范》等相关法律、条例或办法中，仅有部分条款与动物医疗废弃与处理、管理有关。

5.2.3.2　缺乏生物安全及无害化处理意识

从业人员缺乏兽医医疗废弃物的分类处理、生物安全与无害化处理意识。相关单位、部门、人员缺少与兽医医疗废弃物相关的宣传教育活动或资料，从业人员和普通民众对兽医医疗废弃物的认知和危害性了解不多。多数猪场采取焚烧法或填埋法处理医疗废弃物，但因为其主要成分是塑料、橡胶、金属、纸、玻璃、患病组织、动物尸体等，会产生大量的有毒有害物质或者根本不能燃烧，不仅严重影响空气质量，而且对土壤环境破坏大。采用填埋法以及焚烧法对于产量大、不具有可燃性的针头、玻璃容器的处理均不科学、不规范，对处理的环境危害大。

5.2.3.3 缺乏专业处理机构

由于养殖场一般分布分散而偏远，再加上中小养殖规模猪场的日常医疗废弃物量不多，生猪养殖一线企业难找到兽医医疗废弃物处理机构，他们可能就简单粗暴的就近掩埋或焚烧了，谈不上科学、规范地集中处理了，同时，相关监督、管理部门也不好监督管理，基础医疗废弃物的处理处于难处理、难监管、难规范的境地。

5.2.4 对策与措施

5.2.4.1 政策法规措施

A 完善制度，强化管理

建议相关部门尽快出台动物医疗废弃物处置的法律、行业标准和技术规范，使相关养殖企业、各级监督、管理部门做到有章可循。对医疗废弃物定义、分类、保存、包装、运输、处置原则和处置方法、记录记载、权利责任等进行详细规定和约束。与此同时，相关执法部门和监管单位，加大巡逻、监察力度，随时对生猪养殖企业的兽医医疗废弃物收集、处理进行抽查，督促企业完善相关管理及软硬件建设，促进兽医医疗废弃物科学、规范处理落在实处。

B 宣传普及，提升意识

相关部门加强对普通民众、广大养殖场户、基层兽医防疫人员环境保护和感染物性废弃物处理宣传科普教育力度，增加他们对兽医医疗废弃物潜在危害及科学合理处置宣传与教育。普及医疗废弃物科学分类、合理贮存、规范运输、集中处理和监督举报举措，增强从业人员的法纪意识，提高普通民众的环境保护意识。

C 加大动物医疗废弃物处置投入

要加强基础处理设施的建设，各级政府建立相关的医疗废弃物集中处理中心，在大型养猪场或者养殖重点乡镇指定位置建立医疗废弃物临时存放场所，配备必要的中转处理设施设备，为医疗废弃集中处理创造必要的软硬件条件。

D 技术管理措施

依据现行的《中华人民共和国动物防疫法》《医疗废物管理条例》《医疗废物集中处置技术规范（试行）》《医疗废物分类目录》等相关法律法规规定，开展猪场医疗废弃物的处理、处置工作。

（1）管理职能。各级环保部门、畜牧兽医畜牧兽医主管部门、猪场兽医主管、临床兽医负责管理与实施。

（2）管理内容与要求。猪场兽医诊疗活动中产生的医疗废弃物，必须分类归集，不能混合收集，损伤性医疗废物物放入利器盒（箱）；医疗废弃物放入包装袋（箱）；解剖病料投入化尸池等无害化处理。

兽医医疗废弃物必须有主管兽医负责管理，养殖场场长监督并安排专门房屋存放，达到一定数量后交由有处理资质的专业部门作无害化处理。

医疗废弃物临时贮存场所需满足以下条件：

（1）临时贮存场所选址应该注意远离医院、学校、场镇等人员密集场所，配备专人管理。

（2）有防鼠、防蚊蝇、防鸟的安全措施。

（3）有防渗漏、防雨水冲刷、易于清洁和消毒的条件。

（4）设有明显的医疗废物警示标识等（标识内容应包括医疗废弃物种类、防止日期及需要的特别说明等）。

分装、转运猪场医疗废弃物前，必须对医疗废弃物的包装袋（箱）或容器进行认真检查，确保无破损、渗漏。放入包装袋或容器内的医疗废弃物不得取出。在盛装的医疗废物时不要超过包装物或容器的 4/5，确保使用有效的封闭方式使包装物或容器的封口严密。

如果盛装医疗废弃物的包装袋或包装箱的表面被其内容物污染时，必须在包装袋或包装箱外面增加一层包装物，确保包装外表面无感染性废弃存在。

兽医医疗废弃物临时收贮点必须建立医疗废物台账制度，登记医疗废弃物的来源、品种、数量、包装情况、出入场地时间，流向等信息。相关档案资料保存 3 年以上。

5.2.4.2 医疗废弃物的处置要求

（1）管理、运送医疗废弃物的人员，必须做好个人防护。

（2）含病原体的病料、培养基、培养液等高浓度感染性废弃物，必须先进行长时间煮沸消毒或高压蒸汽灭菌，再按照一般感染性废弃物转运处理。

（3）医疗废弃物在数量不大时，交由就近的医院，委托其代为协助交给有资质的处理机构代为处理。在数量较大时，直接和相关有资质的医疗垃圾废物处理机构联系按规定处理，依据危险废物转移联单制度填写和保存移交联单。

（4）医疗废弃物转运人员在处理、运送医疗废弃物时，必须先查看包装物或者包装容器封口是否严密，标识是否清楚明晰。同时使用特制的收集箱以防止造成包装物或者容器破损和医疗废弃物的流失、泄露和扩散，并防止医疗废弃物直接接触身体。

（5）运送医疗费物应该使用防渗漏、防遗撒、无锐利边角、易于装卸和清洁的专用运送工具，并对运输工具进行清洁和消毒。

（6）禁止任何人员买卖、私下处理医疗废弃物，防止医疗废弃物流失、扩散，防止医疗废弃物交由未取得经营许可证的单位或个人收集、运送、贮存、处置。

（7）禁止医疗废弃物不经处理直接流入再生资源生产环节。

5.3 生产、生活废弃物处理

5.3.1 养猪生产废弃物及处理

5.3.1.1 生猪养殖过程中产生的废弃物

养猪生产过程中，会出现饲料保管不严或其他因素导致饲料发霉变质，出现不能饲喂的霉变饲料等过期变质原材料类废弃物；人工授精后产生的输精管、输精袋等不易分解的耗材类废弃物；饲喂饲料过程中包装饲料的饲料袋、设施、设备、耗材的包装袋等可回收类废弃物。

5.3.1.2 生产废弃物处理技术

养猪生产过程中产生的废气物采用分类回收、科学处理的指导原则。通过分类回收可再生利用类废弃物，不仅可以提高生产废弃物的利用率，减少固体类废物的数量，同时使得相关生产原料的开采减少了。针对不能利用的废弃物，根据废弃成分和构成，科学选择如下处理技术处理。

A　焚烧

焚烧是利用高温将固体废弃物氧化分解并杀死其中的病毒和细菌，经过燃烧垃圾可以减少 $80\% \sim 95\%$，此种处理技术的优点是利用较小的地方就可以处理较多的垃圾，而且燃烧过程产生的热能也可以利用。

人工授精后产生的输精管、输精袋等不易分解的耗材类废弃物。但其缺点是燃烧过程中产生的废气和灰烬可能会对环境产生二次污染等。

B　堆肥技术

堆肥技术是将固体废弃物堆放在合适的场所，借助于微生物对其进行发酵，最终将有机物分解为无害物质。堆肥技术主要用来处理猪场生产过程产生的变质、过期、霉变不能饲喂的饲料及原材料等，在对此类废弃物进行分解后会得到大量的肥料。

C　回收利用

一般来说，固体废弃物并不是完全没有用处的，其中会有一些物质通过简单处理后能够被再次利用，应当充分利用这些物质，将其转化为有用的资源，如此一来，不仅减少了固体废物对环境的污染，同时还能产生一定的经济效益。

饲喂饲料过程中包装饲料的饲料袋、设施、设备、耗材的包装袋等可回收类废弃物，就可通过分类回收的方式，进行再生资源的利用。

5.3.2　生活废弃物及其处理

5.3.2.1　生活垃圾分类

猪场生活垃圾一般可分为四大类：可回收垃圾、厨房垃圾、有害垃圾和其他垃圾，比如废包装箱、废纸、菜叶、果皮等。

5.3.2.2　生活垃圾的处理

猪场生活垃圾应该根据不同种类，遵照国家有关规定，采取综合利用、卫生填埋、焚烧和堆肥法处理。不得自行随处掩埋或焚烧，避免造成环境污染。

A　回收利用

可回收垃圾包括纸类、金属、塑料、玻璃等，通过综合处理回收利用，可以减少污染，节省资源。如每回收 1t 废纸可造好纸 850kg，节省木材 300kg，比等量生产减少污染 74%；每回收 1t 塑料饮料瓶可获得 0.7t 二级原料；每回收 1t 废钢铁可炼好钢 0.9t，比用矿石冶炼节约成本 47%，减少空气污染 75%，减少 97% 的水污染和固体废物。

B　堆肥处理

厨房垃圾包括剩菜剩饭、骨头、菜根菜叶等食品类废物，经生物技术就地处理堆肥，每吨可生产 0.3t 有机肥料。一个 5000 头猪场厨房若使用的能源为沼气，食堂油烟产生量一般为 $8\sim12mg/m^3$，每个炉头排气量（标态）大约为 $300m^3/h$，共产生油烟量为 $600m^3/h$；按每天三餐，满负荷工作 5 小时计算，每天产生量（标态）为 $3000m^3/d$，本项目油烟排气量（标态）为 $1095000m^3/a$ 根据类比分析，油烟净化系统处理效率一般在 85% 以上，经处理后，油烟外排浓度小于 $1.80mg/m^3$，可满足《饮食业油烟排放标准（实行）》（GB 18483—2001）最高允许排放浓度 $2.0mg/m^3$ 的要求。

C　卫生填埋

卫生填埋就是选择一个合适的场地将固体废物掩埋的处理方式。此种方式操作简单，花费少，处理量大，在应用比较广泛。比如部分厨房垃圾、但是卫生填埋占地面积大，而且固体废物中的有害物质渗漏可能会造成地下水的污染。其他垃圾包括除上述几类垃圾之外的砖瓦陶瓷、渣土、卫生间废纸等难以回收的废弃物，采取卫生填埋可有效减少对地下水、地表水、土壤及空气的污染。

D　特殊处理

有害垃圾包括废电池、废日光灯、废水银管温度计、过期药品等，这些垃圾需要收集交往专门处理公司特殊安全处理。

6 典型案例

6.1 重庆某生猪养殖企业粪污处理工程

6.1.1 生产规模及处理概况

该企业猪场位于重庆山区，饲喂基础母猪 1800 余头，主要采用尿泡粪的工艺流程，粪水采用多级干湿分离的模式，干粪通过发酵处理后生产成有机肥料，液体部分通过厌氧发酵，生产的沼气供场内生产生活用气，发酵后的沼液通过粪污处理工艺处理后，用于周边及附近农业产业园区作为液体肥料供给，废物综合处理工程总投资 1000 多万元，养殖污水处理能力 150t/d。总体做到了养殖粪污的综合治理、高效利用。

6.1.2 粪污处理工艺流程

6.1.2.1 粪污处理总工艺

养殖粪污经管道汇集到集粪池，经过多级固液分离机分离粪渣和粪水。

A 干粪

经堆肥发酵为营养土或直接运到附近近万亩特色水果种植园作为优质肥料使用。污水处理工艺流程汇总图如图 6-1 所示。

粪水通过干湿分离机分离出固体粪渣，粪水一级分离如图 6-2 所示。

粪水经过上述一级分离机后，再次通过下游干湿分离机分离出固体粪渣，二级分离如图 6-3 所示。

B 污水

汇入调节罐，经厌氧发酵产生沼气供公司生产生活需要；沼液通过沉淀后，输送到污水处理站生化、人工湿地综合处理，再供公司林地及周边特色种植浇灌使用。企业生产生活及周边特色观光园区几千亩消纳土地。

污水厌氧发酵的发酵罐如图 6-4 所示。

沼气贮存罐，产生的沼气场自供能及综合利用如图 6-5 所示。

6.1.2.2 沼液处理工艺

沼液经沉淀过滤后，输送到污水站进行生化综合处理；沼液进入 ABR 池

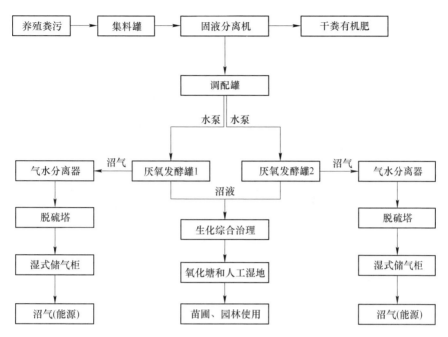

图 6-1 污水处理工艺流程汇总图

图 6-2 粪水一级分离

进行厌氧反应处理；反应完成后从厌沉池进入中间池1进行预曝气处理，同时进行酸碱度调节处理；反应完成后污水被输送到 SBR 曝气池进行好氧反应曝气处理；反应完成后上清液通过滗水器到中间池2进行静置处理；静置后的污水被输送到混凝沉淀池进行化学加药处理，处理后的污水进入终沉池再次沉淀处

图 6-3　二级分离

图 6-4　污水厌氧发酵的发酵罐

理后，进入人工湿地处理，到达景观池自动抽到存贮池，供公司及周边特色种植浇灌使用。

污水处理站各工序产生的污泥全部汇集到污泥浓缩池，经自动厢式压滤脱水，脱出的污泥深埋处理，上清液再次回到污水处理站 ABR 池重新处理。

沼液处理工艺流程图如图 6-6 所示。

污水处理过程中利用了 3 项新污水处理新产品。

A　生物活性酶

生物活性酶为微生物和酶的混合物等多种微生物以及脂肪酶、蛋白酶、纤维素酶等生物酶。在所含其他大量营养物质的激活下，能够清洁任何一种养殖业污

图 6-5　沼气贮存罐，产生的沼气场自供能及综合利用

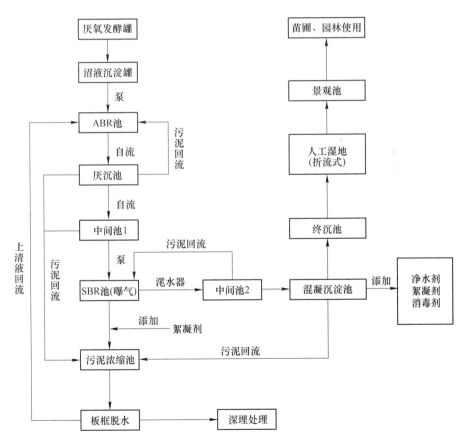

图 6-6　沼液处理工艺流程图

水。如粪水、冲洗水以及屠宰废水，生物活性酶可降解有机物质，减少了 COD、BOD₅、氨、硝酸盐、洗涤剂的含量，还能够衍生出更多的有益菌种，来抑制病原菌的生成。由于所含的微生物和酶能够抑制臭味物质的产生，如硫醇、吲哚和粪臭素，所以用在养殖场内还能祛除臭味。

B 生物催化剂

生物催化剂是一种植物提取物，结合氧化剂使用。生物催化剂可直接高效脱氨氮、总氮，并分解水体中各种苯环类化合物、酚类化合物、氰化物等难降解的物质。为提高生化处理提供有利条件。生物催化剂广泛应用于城市垃圾渗漏液、焦化废水、电镀废水、化工废水等的治理，尤其对高氨氮养殖废水的效果显著。

C 生物絮凝剂

生物絮凝剂是采用植物来源的天然高分子复配而成的絮凝剂。可使液体中不易降解的固体悬浮颗粒、菌体细胞及胶体等凝集、沉淀，其主要活性成分是具有带负电荷的天然高分子化合物。该絮凝剂是利用生物基因技术，提取而得到的一种新型、高效、廉价、天然的环境友好型水处理剂。与传统的无机和有机高分子絮凝剂相比，其具有许多独特的性质和优点。生物絮凝剂在生产过程中无"三废排放"，使用后的出水中不残留有害物质以影响水质。絮凝污泥中残留的药剂不会对生态系统造成明显或潜在的危害。生物絮凝剂具有独特的除浊、脱色、吸附、黏合等功能。产品安全、高效、无毒、无害、无二次污染。絮凝活性高、易生化降解。具有当今世界广泛使用的铁盐絮凝剂、铝盐絮凝剂和聚丙烯酰胺类高分子絮凝剂所不具备的。沼液的沉淀如图 6-7 所示。

图 6-7 沼液的沉淀

沼液的处理流程如图 6-8~图 6-10 所示。

沼液利用，布置管道，喷淋灌溉如图 6-11 所示。

ABR池　　　　　　　　　　　　厌氧池

SBR池　　　　　　　　　中间水池(吹气加减)

图 6-8　沼液的处理流程（一）

混凝池

综合沉池

淤泥浓缩池

板框压力处理

图6-9 沼液的处理流程（二）

图 6-10　沼液处理（三）

（折流式生态湿地）

图 6-11　沼液利用，布置管道，喷淋灌溉

6.2 丹麦某猪场粪污及病死猪处理模式

6.2.1 生产规模及粪污处理概况

在丹麦的一个育肥猪养殖农场，猪场存栏 11000 头 30~110kg 的生长肥猪，年出栏育肥猪 44000 头，年共产生 2.5 万~3 万立方米的粪浆。

该猪场不同阶段猪水用量如下，母猪 4.892m³/（年·头）（饮水），冲洗用水 0.342m³/（年·头），合计 5.234m³/（年·头）。体重 7~30kg 保育 0.117m³/（年·头）（饮水），冲洗用水 0.015m³/（年·头），猪只要水浪费 0.019m³/（年·头）（浪费），合计 0.151m³/（年·头）³；30~100kg 生长育肥猪 0.459m³/（年·头）（饮水），冲洗用水 0.0075m³/（年·头），猪只要水浪费 0.025m³/（年·头），合计用水 0.5m³/（年·头）。

猪场在附近配套建设共有 5 个粪浆储蓄罐，4 个小的和 1 个大的，容积分别为 3000m³ 和 5000m³，共计 17000m³，根据农场种植规律：储蓄罐内至少要能储存 9 个月的粪水，粪水储蓄罐一般不会发酵产生气体。

粪浆干湿分离后，总量 10% 的固体部分（其中仍包含 30% 水分），通过发酵处理作为生物能源；总量 90% 的液体部分，直接用于农田灌溉，其使用严格要求，1 公顷土地消化 27t 粪浆或 35t 干湿分离后的粪液。在丹麦，一般不允许直接用粪浆直接灌溉农田，是因为粪浆中的磷含量较高，直接灌溉会造成磷浪费，或需要格外补充化肥（氮），而粪液中的氮磷比例恰好符合植物需求，多余的磷在干粪中可被重新利用。粪浆干湿分离系统如图 6-12 所示。

图 6-12 粪浆干湿分离系统

干湿分离后干粪如图 6-13 所示。

粪浆贮存罐，单个容积 5000m³ 如图 6-14 所示。

图 6-13 干湿分离后干粪

图 6-14 粪浆贮存罐，单个容积 5000m³

丹麦农场粪水的灌溉都是利用管网，在离废水贮存罐 1km 以内区域，每小时可灌溉 120t 粪水，1km 以上区域，每小时可灌溉 90t 粪水。

6.2.2 关于病死猪的处理

丹麦养猪场业主无权私自处理病死猪，病死猪都是由专门的处理公司集中统一处理，处理费用 58 克朗/头，如果猪场配套有冷冻库，猪场病死猪可以先就近暂存在冻库中，集中统一处理会给予适当优惠，处理费用为 28 克朗/头，收死猪的车每隔 2~3d 过来拉猪 1 次。

病死猪临时贮存冻库如图 6-15 所示。

临时贮存冻库开启如图 6-16 所示。

图 6-15　病死猪临时贮存冻库

图 6-16　临时贮存冻库开启

临时贮存冻库中病死猪如图 6-17 所示。

图 6-17　临时贮存冻库中病死猪

参 考 文 献

[1] 郑文堂．我国生猪产业发展历程及未来发展趋势分析［J］．现代化农业，2015（5）：48-51.

[2] 张利宇，张娜，刘瑶，等．2017 年生猪生产形势及 2018 年走势分析［J］．中国饲料，2018（7）：80-82.

[3] 王凯军．畜禽养殖污染防治技术与政策［M］．北京：化学工业出版社，2004.

[4] 张克强．畜禽养殖业污染物处理与处置［M］．北京：化学工业出版社，2004.

[5] 边炳鑫．农业固体废物的处理与综合利用［M］．北京：化学工业出版社，2005.

[6] 王岩．养殖业固体废弃物快速堆肥化处理［M］．北京：化学工业出版社，2005.

[7] 赵天寿．固体废弃物堆肥原理与技术［M］．第 2 版．北京：化学工业出版社，2017.

[8] 龙腾锐．排水工程［M］．北京：中国建筑出版社，2011.

[9] 欧洲共同体联合研究中心．集约化畜禽养殖污染综合防治最佳可行技术［M］．郑明霞，等译．北京：化学工业出版社，2013.

[10] 全国畜牧总站，中国饲料工业协会，国家畜禽养殖废弃物资源化利用科技创新联盟．粪便好氧堆肥技术指南［M］．北京：中国农业出版社，2017.

[11] 顾洪如，杨杰，潘孝青，等．异位发酵床猪粪尿处理技术综述［J］．江苏农业科学，2017，45（21）：6-9.

[12] 宣梦，许振成，吴根义，等．我国规模化畜禽养殖场粪污资源化利用分析［J］．农业资源与环境学报，2018，35（2）：126-132.

[13] 宋立，王智勇，等．猪场污水处理与综合利用技术［J］．中国畜牧杂志，2015，10（51）：51-57.

[14] 马玉冰，李武章，刘恒．猪场中的恶臭及解决办法［J］．河南畜牧兽医，2004，11（25）：40.

[15] 陈主平．适度规模猪场高效生产技术［M］．北京：中国农业科学技术出版社，2015：42-45.

[16] 贺琦，廖敏．规模化养猪场清洁生产技术［J］．城市建设理论研究，2014，4（19）：40.

[17] 王兴平．病死动物尸体处理的技术与政策探讨［J］．甘肃畜牧兽医，2011（6）：26-29.

[18] 王浩伟，刘玉英、张建华．当前病死猪无害化处理工作现状及建议［J］．山东畜牧兽医，2017，10：89.

[19] 吴日钧．猪场中的恶臭及解决办法［J］．养殖顾问，2018，4：81.

[20] 董平祥．病死猪及其产品无害化处理长效应对机制［J］．猪业科学，2015，63-66.

[21] 金喜新，陈海涛，李杰如，等．病死动物无害化处理技术及发展趋势的探讨［J］．河南畜牧兽医，2012，34（7）：28-29.

[22] 王汝都，李海滨．美国猪场尸体处理方法分析与借鉴［J］．家畜生态学报，2014，35（1）：74-77.

[23] 彭会建，庄惠良，朱国良．病死猪无害化处理浅谈［J］．养殖与饲料，2016，8：83-84.

[24] 王小红，顾卫兵，陆德祥．病死猪无害化处理方法探讨［J］．上海畜牧兽医通讯，2015，

4：71-73.

[25] 隋士元，许结红，胡俊苗．宜昌高温生物降解无害化处理技术应用与推广 [J]．中国畜牧业，2013（15）：30-31.

[26] 赵惠春，李国芳．动物医疗废弃物的处理机对策 [J]．甘肃畜牧兽医，2014，44（2）：25-27.

[27] 张楠，曹玲芝，张洁．基层动物诊疗废弃物管理建议 [J]．今日畜牧兽医，2015，12：27-29.

[28] 何吉贤．基层动物疾病诊断过程中废弃物处置现状与对策 [J]．中国畜牧兽医文摘，2015，31（5）：36.

[29] 聂丽．美国医疗废弃物管理对我国的处理 [J]．中国卫生事业管理，2015，3（309）：196-198.

[30] 刘婷，杨平．浅谈鸡场医疗废弃物的处理 [J]．第四届京津冀一体化畜牧兽医科技创新研讨会论文集，2015，12：289-290.

[31] 陈华元．固体废弃物处理及循环利用的产业化开发建议 [J]．城乡建设，2015（5）：33.

[32] 丛丽娜，郭英涛．固体废弃物处理技术研究进展 [J]．环境保护与循环经济，2015（2）：40.

[33] 李晨．固体废弃物的处理 [J]．农家顾问，2015（2）：66.

[34] 殷成问．中国猪业发展报告（2016）．中国畜牧业协会，2017.

[35] 李文刚．采取有效措施消除猪舍有害气体 [J]．饲料与畜牧，2011：45-48.

[36] Ni J Q. Latest Research and Field Demonstrations to ImproveAir Quality for Animal Production in USA [C] 畜禽健康环境与福利化养殖国际研讨会论文集，2013：101-125.

[37] 王保黎，樊信鹏，卢丽，等．丝兰属植物提取物降低猪舍氨气浓度的试验 [J]．畜禽业，2010（9）：52-55.

[38] 杨彩梅，洪奇华，张云刚，等．樟科植物提取物对猪粪脲酶活性的影响 [J]．中国畜牧杂志，2007，43（3）：59-60.

[39] 梁国旗，王旭平，王现盟，等．樟科、丝兰属植物提取物对仔猪排泄物中氨和硫化氢散发 [J]．中国畜牧杂志，2009，45（13）：22-26.

[40] 全国畜牧总站．畜禽粪便资源化利用技术-达标排放模式 [M]．北京：中国农业科学技术出版社，2017.

国务院关于印发大气污染防治行动计划的通知

国发〔2013〕37 号

各省、自治区、直辖市人民政府，国务院各部委、各直属机构：

现将《大气污染防治行动计划》印发给你们，请认真贯彻执行。

国务院

2013 年 9 月 10 日

（此件公开发布）

大气污染防治行动计划

大气环境保护事关人民群众根本利益，事关经济持续健康发展，事关全面建成小康社会，事关实现中华民族伟大复兴中国梦。当前，我国大气污染形势严峻，以可吸入颗粒物（PM_{10}）、细颗粒物（$PM_{2.5}$）为特征污染物的区域性大气环境问题日益突出，损害人民群众身体健康，影响社会和谐稳定。随着我国工业化、城镇化的深入推进，能源资源消耗持续增加，大气污染防治压力继续加大。为切实改善空气质量，制定本行动计划。

总体要求：以邓小平理论、"三个代表"重要思想、科学发展观为指导，以保障人民群众身体健康为出发点，大力推进生态文明建设，坚持政府调控与市场调节相结合、全面推进与重点突破相配合、区域协作与属地管理相协调、总量减排与质量改善相同步，形成政府统领、企业施治、市场驱动、公众参与的大气污染防治新机制，实施分区域、分阶段治理，推动产业结构优化、科技创新能力增强、经济增长质量提高，实现环境效益、经济效益与社会效益多赢，为建设美丽中国而奋斗。

奋斗目标：经过五年努力，全国空气质量总体改善，重污染天气较大幅度减少；京津冀、长三角、珠三角等区域空气质量明显好转。力争再用五年或更长时间，逐步消除重污染天气，全国空气质量明显改善。

具体指标：到 2017 年，全国地级及以上城市可吸入颗粒物浓度比 2012 年下降10%以上，优良天数逐年提高；京津冀、长三角、珠三角等区域细颗粒物浓度分别下降25%、20%、15%左右，其中北京市细颗粒物年均浓度控制在60微克/立方米左右。

一、加大综合治理力度，减少多污染物排放

（一）加强工业企业大气污染综合治理

全面整治燃煤小锅炉。加快推进集中供热、"煤改气""煤改电"工程建设，到2017年，除必要保留的以外，地级及以上城市建成区基本淘汰每小时10蒸吨及以下的燃煤锅炉，禁止新建每小时20蒸吨以下的燃煤锅炉；其他地区原则上不再新建每小时10蒸吨以下的燃煤锅炉。在供热供气管网不能覆盖的地区，改用电、新能源或洁净煤，推广应用高效节能环保型锅炉。在化工、造纸、印染、制革、制药等产业集聚区，通过集中建设热电联产机组逐步淘汰分散燃煤锅炉。

加快重点行业脱硫、脱硝、除尘改造工程建设。所有燃煤电厂、钢铁企业的烧结机和球团生产设备、石油炼制企业的催化裂化装置、有色金属冶炼企业都要安装脱硫设施，每小时20蒸吨及以上的燃煤锅炉要实施脱硫。除循环流化床锅炉以外的燃煤机组均应安装脱硝设施，新型干法水泥窑要实施低氮燃烧技术改造并安装脱硝设施。燃煤锅炉和工业窑炉现有除尘设施要实施升级改造。

推进挥发性有机物污染治理。在石化、有机化工、表面涂装、包装印刷等行业实施挥发性有机物综合整治，在石化行业开展"泄漏检测与修复"技术改造。限时完成加油站、储油库、油罐车的油气回收治理，在原油成品油码头积极开展油气回收治理。完善涂料、胶粘剂等产品挥发性有机物限值标准，推广使用水性涂料，鼓励生产、销售和使用低毒、低挥发性有机溶剂。

京津冀、长三角、珠三角等区域要于2015年底前基本完成燃煤电厂、燃煤锅炉和工业窑炉的污染治理设施建设与改造，完成石化企业有机废气综合治理。

（二）深化面源污染治理

综合整治城市扬尘。加强施工扬尘监管，积极推进绿色施工，建设工程施工现场应全封闭设置围挡墙，严禁敞开式作业，施工现场道路应进行地面硬化。渣土运输车辆应采取密闭措施，并逐步安装卫星定位系统。推行道路机械化清扫等低尘作业方式。大型煤堆、料堆要实现封闭储存或建设防风抑尘设施。推进城市及周边绿化和防风防沙林建设，扩大城市建成区绿地规模。

开展餐饮油烟污染治理。城区餐饮服务经营场所应安装高效油烟净化设施，推广使用高效净化型家用吸油烟机。

（三）强化移动源污染防治

加强城市交通管理。优化城市功能和布局规划，推广智能交通管理，缓解城市交通拥堵。实施公交优先战略，提高公共交通出行比例，加强步行、自行车交通系统建设。根据城市发展规划，合理控制机动车保有量，北京、上海、广州等特大城市要严格限制机动车保有量。通过鼓励绿色出行、增加使用成本等措施，降低机动车使用强度。

提升燃油品质。加快石油炼制企业升级改造，力争在 2013 年底前，全国供应符合国家第四阶段标准的车用汽油，在 2014 年底前，全国供应符合国家第四阶段标准的车用柴油，在 2015 年底前，京津冀、长三角、珠三角等区域内重点城市全面供应符合国家第五阶段标准的车用汽、柴油，在 2017 年底前，全国供应符合国家第五阶段标准的车用汽、柴油。加强油品质量监督检查，严厉打击非法生产、销售不合格油品行为。

加快淘汰黄标车和老旧车辆。采取划定禁行区域、经济补偿等方式，逐步淘汰黄标车和老旧车辆。到 2015 年，淘汰 2005 年底前注册营运的黄标车，基本淘汰京津冀、长三角、珠三角等区域内的 500 万辆黄标车。到 2017 年，基本淘汰全国范围的黄标车。

加强机动车环保管理。环保、工业和信息化、质检、工商等部门联合加强新生产车辆环保监管，严厉打击生产、销售环保不达标车辆的违法行为；加强在用机动车年度检验，对不达标车辆不得发放环保合格标志，不得上路行驶。加快柴油车车用尿素供应体系建设。研究缩短公交车、出租车强制报废年限。鼓励出租车每年更换高效尾气净化装置。开展工程机械等非道路移动机械和船舶的污染控制。

加快推进低速汽车升级换代。不断提高低速汽车（三轮汽车、低速货车）节能环保要求，减少污染排放，促进相关产业和产品技术升级换代。自 2017 年起，新生产的低速货车执行与轻型载货车同等的节能与排放标准。

大力推广新能源汽车。公交、环卫等行业和政府机关要率先使用新能源汽车，采取直接上牌、财政补贴等措施鼓励个人购买。北京、上海、广州等城市每年新增或更新的公交车中新能源和清洁燃料车的比例达到 60% 以上。

二、调整优化产业结构，推动产业转型升级

（四）严控"两高"行业新增产能

修订高耗能、高污染和资源性行业准入条件，明确资源能源节约和污染物排放等指标。有条件的地区要制定符合当地功能定位、严于国家要求的产业准入目录。严格控制"两高"行业新增产能，新、改、扩建项目要实行产能等量或减量置换。

（五）加快淘汰落后产能

结合产业发展实际和环境质量状况，进一步提高环保、能耗、安全、质量等标准，分区域明确落后产能淘汰任务，倒逼产业转型升级。

按照《部分工业行业淘汰落后生产工艺装备和产品指导目录（2010年本）》《产业结构调整指导目录（2011年本）（修正）》的要求，采取经济、技术、法律和必要的行政手段，提前一年完成钢铁、水泥、电解铝、平板玻璃等21个重点行业的"十二五"落后产能淘汰任务。2015年再淘汰炼铁1500万吨、炼钢1500万吨、水泥（熟料及粉磨能力）1亿吨、平板玻璃2000万重量箱。对未按期完成淘汰任务的地区，严格控制国家安排的投资项目，暂停对该地区重点行业建设项目办理审批、核准和备案手续。2016年、2017年，各地区要制定范围更宽、标准更高的落后产能淘汰政策，再淘汰一批落后产能。

对布局分散、装备水平低、环保设施差的小型工业企业进行全面排查，制定综合整改方案，实施分类治理。

（六）压缩过剩产能

加大环保、能耗、安全执法处罚力度，建立以节能环保标准促进"两高"行业过剩产能退出的机制。制定财政、土地、金融等扶持政策，支持产能过剩"两高"行业企业退出、转型发展。发挥优强企业对行业发展的主导作用，通过跨地区、跨所有制企业兼并重组，推动过剩产能压缩。严禁核准产能严重过剩行业新增产能项目。

（七）坚决停建产能严重过剩行业违规在建项目

认真清理产能严重过剩行业违规在建项目，对未批先建、边批边建、越权核准的违规项目，尚未开工建设的，不准开工；正在建设的，要停止建设。地方人民政府要加强组织领导和监督检查，坚决遏制产能严重过剩行业盲目扩张。

三、加快企业技术改造，提高科技创新能力

（八）强化科技研发和推广

加强灰霾、臭氧的形成机理、来源解析、迁移规律和监测预警等研究，为污染治理提供科学支撑。加强大气污染与人群健康关系的研究。支持企业技术中心、国家重点实验室、国家工程实验室建设，推进大型大气光化学模拟仓、大型气溶胶模拟仓等科技基础设施建设。

加强脱硫、脱硝、高效除尘、挥发性有机物控制、柴油机（车）排放净化、环境监测，以及新能源汽车、智能电网等方面的技术研发，推进技术成果转化应用。加强大气污染治理先进技术、管理经验等方面的国际交流与合作。

（九）全面推行清洁生产

对钢铁、水泥、化工、石化、有色金属冶炼等重点行业进行清洁生产审核，针对节能减排关键领域和薄弱环节，采用先进适用的技术、工艺和装备，实施清洁生产技术改造；到 2017 年，重点行业排污强度比 2012 年下降 30% 以上。推进非有机溶剂型涂料和农药等产品创新，减少生产和使用过程中挥发性有机物排放。积极开发缓释肥料新品种，减少化肥施用过程中氨的排放。

（十）大力发展循环经济

鼓励产业集聚发展，实施园区循环化改造，推进能源梯级利用、水资源循环利用、废物交换利用、土地节约集约利用，促进企业循环式生产、园区循环式发展、产业循环式组合，构建循环型工业体系。推动水泥、钢铁等工业窑炉、高炉实施废物协同处置。大力发展机电产品再制造，推进资源再生利用产业发展。到 2017 年，单位工业增加值能耗比 2012 年降低 20% 左右，在 50% 以上的各类国家级园区和 30% 以上的各类省级园区实施循环化改造，主要有色金属品种以及钢铁的循环再生比重达到 40% 左右。

（十一）大力培育节能环保产业

着力把大气污染治理的政策要求有效转化为节能环保产业发展的市场需求，促进重大环保技术装备、产品的创新开发与产业化应用。扩大国内消费市场，积极支持新业态、新模式，培育一批具有国际竞争力的大型节能环保企业，大幅增加大气污染治理装备、产品、服务产业产值，有效推动节能环保、新能源等战略性新兴产业发展。鼓励外商投资节能环保产业。

四、加快调整能源结构，增加清洁能源供应

（十二）控制煤炭消费总量

制定国家煤炭消费总量中长期控制目标，实行目标责任管理。到 2017 年，煤炭占能源消费总量比重降低到 65% 以下。京津冀、长三角、珠三角等区域力争实现煤炭消费总量负增长，通过逐步提高接受外输电比例、增加天然气供应、加大非化石能源利用强度等措施替代燃煤。

京津冀、长三角、珠三角等区域新建项目禁止配套建设自备燃煤电站。耗煤项目要实行煤炭减量替代。除热电联产外，禁止审批新建燃煤发电项目；现有多台燃煤机组装机容量合计达到 30 万千瓦以上的，可按照煤炭等量替代的原则建设为大容量燃煤机组。

（十三）加快清洁能源替代利用

加大天然气、煤制天然气、煤层气供应。到 2015 年，新增天然气干线管输能力 1500 亿立方米以上，覆盖京津冀、长三角、珠三角等区域。优化天然气使用方式，新增天然气应优先保障居民生活或用于替代燃煤；鼓励发展天然气分布式能源等高效利用项目，限制发展天然气化工项目；有序发展天然气调峰电站，原则上不再新建天然气发电项目。

制定煤制天然气发展规划，在满足最严格的环保要求和保障水资源供应的前提下，加快煤制天然气产业化和规模化步伐。

积极有序发展水电，开发利用地热能、风能、太阳能、生物质能，安全高效发展核电。到 2017 年，运行核电机组装机容量达到 5000 万千瓦，非化石能源消费比重提高到 13%。

京津冀区域城市建成区、长三角城市群、珠三角区域要加快现有工业企业燃煤设施天然气替代步伐；到 2017 年，基本完成燃煤锅炉、工业窑炉、自备燃煤电站的天然气替代改造任务。

（十四）推进煤炭清洁利用

提高煤炭洗选比例，新建煤矿应同步建设煤炭洗选设施，现有煤矿要加快建设与改造；到 2017 年，原煤入选率达到 70% 以上。禁止进口高灰分、高硫分的劣质煤炭，研究出台煤炭质量管理办法。限制高硫石油焦的进口。

扩大城市高污染燃料禁燃区范围，逐步由城市建成区扩展到近郊。结合城中村、城乡接合部、棚户区改造，通过政策补偿和实施峰谷电价、季节性电价、阶梯电价、调峰电价等措施，逐步推行以天然气或电替代煤炭。鼓励北方农村地区建设洁净煤配送中心，推广使用洁净煤和型煤。

（十五）提高能源使用效率

严格落实节能评估审查制度。新建高耗能项目单位产品（产值）能耗要达到国内先进水平，用能设备达到一级能效标准。京津冀、长三角、珠三角等区域，新建高耗能项目单位产品（产值）能耗要达到国际先进水平。

积极发展绿色建筑，政府投资的公共建筑、保障性住房等要率先执行绿色建筑标准。新建建筑要严格执行强制性节能标准，推广使用太阳能热水系统、地源热泵、空气源热泵、光伏建筑一体化、"热—电—冷"三联供等技术和装备。

推进供热计量改革，加快北方采暖地区既有居住建筑供热计量和节能改造；新建建筑和完成供热计量改造的既有建筑逐步实行供热计量收费。加快热力管网建设与改造。

五、严格节能环保准入，优化产业空间布局

（十六）调整产业布局

按照主体功能区规划要求，合理确定重点产业发展布局、结构和规模，重大项目原则上布局在优化开发区和重点开发区。所有新、改、扩建项目，必须全部进行环境影响评价；未通过环境影响评价审批的，一律不准开工建设；违规建设的，要依法进行处罚。加强产业政策在产业转移过程中的引导与约束作用，严格限制在生态脆弱或环境敏感地区建设"两高"行业项目。加强对各类产业发展规划的环境影响评价。

在东部、中部和西部地区实施差别化的产业政策，对京津冀、长三角、珠三角等区域提出更高的节能环保要求。强化环境监管，严禁落后产能转移。

（十七）强化节能环保指标约束

提高节能环保准入门槛，健全重点行业准入条件，公布符合准入条件的企业名单并实施动态管理。严格实施污染物排放总量控制，将二氧化硫、氮氧化物、烟粉尘和挥发性有机物排放是否符合总量控制要求作为建设项目环境影响评价审批的前置条件。

京津冀、长三角、珠三角区域以及辽宁中部、山东、武汉及其周边、长株潭、成渝、海峡西岸、山西中北部、陕西关中、甘宁、乌鲁木齐城市群等"三区十群"中的47个城市，新建火电、钢铁、石化、水泥、有色、化工等企业以及燃煤锅炉项目要执行大气污染物特别排放限值。各地区可根据环境质量改善的需要，扩大特别排放限值实施的范围。

对未通过能评、环评审查的项目，有关部门不得审批、核准、备案，不得提供土地，不得批准开工建设，不得发放生产许可证、安全生产许可证、排污许可证，金融机构不得提供任何形式的新增授信支持，有关单位不得供电、供水。

（十八）优化空间格局

科学制定并严格实施城市规划，强化城市空间管制要求和绿地控制要求，规范各类产业园区和城市新城、新区设立和布局，禁止随意调整和修改城市规划，形成有利于大气污染物扩散的城市和区域空间格局。研究开展城市环境总体规划试点工作。

结合化解过剩产能、节能减排和企业兼并重组，有序推进位于城市主城区的钢铁、石化、化工、有色金属冶炼、水泥、平板玻璃等重污染企业环保搬迁、改造，到2017年基本完成。

六、发挥市场机制作用，完善环境经济政策

（十九）发挥市场机制调节作用

本着"谁污染、谁负责，多排放、多负担，节能减排得收益、获补偿"的原则，积极推行激励与约束并举的节能减排新机制。

分行业、分地区对水、电等资源类产品制定企业消耗定额。建立企业"领跑者"制度，对能效、排污强度达到更高标准的先进企业给予鼓励。

全面落实"合同能源管理"的财税优惠政策，完善促进环境服务业发展的扶持政策，推行污染治理设施投资、建设、运行一体化特许经营。完善绿色信贷和绿色证券政策，将企业环境信息纳入征信系统。严格限制环境违法企业贷款和上市融资。推进排污权有偿使用和交易试点。

（二十）完善价格税收政策

根据脱硝成本，结合调整销售电价，完善脱硝电价政策。现有火电机组采用新技术进行除尘设施改造的，要给予价格政策支持。实行阶梯式电价。

推进天然气价格形成机制改革，理顺天然气与可替代能源的比价关系。

按照合理补偿成本、优质优价和污染者付费的原则合理确定成品油价格，完善对部分困难群体和公益性行业成品油价格改革补贴政策。

加大排污费征收力度，做到应收尽收。适时提高排污收费标准，将挥发性有机物纳入排污费征收范围。

研究将部分"两高"行业产品纳入消费税征收范围。完善"两高"行业产品出口退税政策和资源综合利用税收政策。积极推进煤炭等资源税从价计征改革。符合税收法律法规规定，使用专用设备或建设环境保护项目的企业以及高新技术企业，可以享受企业所得税优惠。

（二十一）拓宽投融资渠道

深化节能环保投融资体制改革，鼓励民间资本和社会资本进入大气污染防治领域。引导银行业金融机构加大对大气污染防治项目的信贷支持。探索排污权抵押融资模式，拓展节能环保设施融资、租赁业务。

地方人民政府要对涉及民生的"煤改气"项目、黄标车和老旧车辆淘汰、轻型载货车替代低速货车等加大政策支持力度，对重点行业清洁生产示范工程给予引导性资金支持。要将空气质量监测站点建设及其运行和监管经费纳入各级财政预算予以保障。

在环境执法到位、价格机制理顺的基础上，中央财政统筹整合主要污染物减排等专项，设立大气污染防治专项资金，对重点区域按治理成效实施"以奖代

补"；中央基本建设投资也要加大对重点区域大气污染防治的支持力度。

七、健全法律法规体系，严格依法监督管理

（二十二）完善法律法规标准

加快大气污染防治法修订步伐，重点健全总量控制、排污许可、应急预警、法律责任等方面的制度，研究增加对恶意排污、造成重大污染危害的企业及其相关负责人追究刑事责任的内容，加大对违法行为的处罚力度。建立健全环境公益诉讼制度。研究起草环境税法草案，加快修改环境保护法，尽快出台机动车污染防治条例和排污许可证管理条例。各地区可结合实际，出台地方性大气污染防治法规、规章。

加快制（修）订重点行业排放标准以及汽车燃料消耗量标准、油品标准、供热计量标准等，完善行业污染防治技术政策和清洁生产评价指标体系。

（二十三）提高环境监管能力

完善国家监察、地方监管、单位负责的环境监管体制，加强对地方人民政府执行环境法律法规和政策的监督。加大环境监测、信息、应急、监察等能力建设力度，达到标准化建设要求。

建设城市站、背景站、区域站统一布局的国家空气质量监测网络，加强监测数据质量管理，客观反映空气质量状况。加强重点污染源在线监控体系建设，推进环境卫星应用。建设国家、省、市三级机动车排污监管平台。到2015年，地级及以上城市全部建成细颗粒物监测点和国家直管的监测点。

（二十四）加大环保执法力度

推进联合执法、区域执法、交叉执法等执法机制创新，明确重点，加大力度，严厉打击环境违法行为。对偷排偷放、屡查屡犯的违法企业，要依法停产关闭。对涉嫌环境犯罪的，要依法追究刑事责任。落实执法责任，对监督缺位、执法不力、徇私枉法等行为，监察机关要依法追究有关部门和人员的责任。

（二十五）实行环境信息公开

国家每月公布空气质量最差的10个城市和最好的10个城市的名单。各省（区、市）要公布本行政区域内地级及以上城市空气质量排名。地级及以上城市要在当地主要媒体及时发布空气质量监测信息。

各级环保部门和企业要主动公开新建项目环境影响评价、企业污染物排放、治污设施运行情况等环境信息，接受社会监督。涉及群众利益的建设项目，应充分听取公众意见。建立重污染行业企业环境信息强制公开制度。

八、建立区域协作机制，统筹区域环境治理

（二十六）建立区域协作机制

建立京津冀、长三角区域大气污染防治协作机制，由区域内省级人民政府和国务院有关部门参加，协调解决区域突出环境问题，组织实施环评会商、联合执法、信息共享、预警应急等大气污染防治措施，通报区域大气污染防治工作进展，研究确定阶段性工作要求、工作重点和主要任务。

（二十七）分解目标任务

国务院与各省（区、市）人民政府签订大气污染防治目标责任书，将目标任务分解落实到地方人民政府和企业。将重点区域的细颗粒物指标、非重点地区的可吸入颗粒物指标作为经济社会发展的约束性指标，构建以环境质量改善为核心的目标责任考核体系。

国务院制定考核办法，每年初对各省（区、市）上年度治理任务完成情况进行考核；2015 年进行中期评估，并依据评估情况调整治理任务；2017 年对行动计划实施情况进行终期考核。考核和评估结果经国务院同意后，向社会公布，并交由干部主管部门，按照《关于建立促进科学发展的党政领导班子和领导干部考核评价机制的意见》《地方党政领导班子和领导干部综合考核评价办法（试行）》《关于开展政府绩效管理试点工作的意见》等规定，作为对领导班子和领导干部综合考核评价的重要依据。

（二十八）实行严格责任追究

对未通过年度考核的，由环保部门会同组织部门、监察机关等部门约谈省级人民政府及其相关部门有关负责人，提出整改意见，予以督促。

对因工作不力、履职缺位等导致未能有效应对重污染天气的，以及干预、伪造监测数据和没有完成年度目标任务的，监察机关要依法依纪追究有关单位和人员的责任，环保部门要对有关地区和企业实施建设项目环评限批，取消国家授予的环境保护荣誉称号。

九、建立监测预警应急体系，妥善应对重污染天气

（二十九）建立监测预警体系

环保部门要加强与气象部门的合作，建立重污染天气监测预警体系。到 2014 年，京津冀、长三角、珠三角区域要完成区域、省、市级重污染天气监测预警系统建设；其他省（区、市）、副省级市、省会城市于 2015 年底前完成。要做好重

污染天气过程的趋势分析，完善会商研判机制，提高监测预警的准确度，及时发布监测预警信息。

（三十）制定完善应急预案

空气质量未达到规定标准的城市应制定和完善重污染天气应急预案并向社会公布；要落实责任主体，明确应急组织机构及其职责、预警预报及响应程序、应急处置及保障措施等内容，按不同污染等级确定企业限产停产、机动车和扬尘管控、中小学校停课以及可行的气象干预等应对措施。开展重污染天气应急演练。

京津冀、长三角、珠三角等区域要建立健全区域、省、市联动的重污染天气应急响应体系。区域内各省（区、市）的应急预案，应于2013年底前报环境保护部备案。

（三十一）及时采取应急措施

将重污染天气应急响应纳入地方人民政府突发事件应急管理体系，实行政府主要负责人负责制。要依据重污染天气的预警等级，迅速启动应急预案，引导公众做好卫生防护。

十、明确政府企业和社会的责任，动员全民参与环境保护

（三十二）明确地方政府统领责任

地方各级人民政府对本行政区域内的大气环境质量负总责，要根据国家的总体部署及控制目标，制定本地区的实施细则，确定工作重点任务和年度控制指标，完善政策措施，并向社会公开；要不断加大监管力度，确保任务明确、项目清晰、资金保障。

（三十三）加强部门协调联动

各有关部门要密切配合、协调力量、统一行动，形成大气污染防治的强大合力。环境保护部要加强指导、协调和监督，有关部门要制定有利于大气污染防治的投资、财政、税收、金融、价格、贸易、科技等政策，依法做好各自领域的相关工作。

（三十四）强化企业施治

企业是大气污染治理的责任主体，要按照环保规范要求，加强内部管理，增加资金投入，采用先进的生产工艺和治理技术，确保达标排放，甚至达到"零排放"；要自觉履行环境保护的社会责任，接受社会监督。

（三十五）广泛动员社会参与

环境治理，人人有责。要积极开展多种形式的宣传教育，普及大气污染防治的科学知识。加强大气环境管理专业人才培养。倡导文明、节约、绿色的消费方式和生活习惯，引导公众从自身做起、从点滴做起、从身边的小事做起，在全社会树立起"同呼吸、共奋斗"的行为准则，共同改善空气质量。

我国仍然处于社会主义初级阶段，大气污染防治任务繁重艰巨，要坚定信心、综合治理，突出重点、逐步推进，重在落实、务求实效。各地区、各有关部门和企业要按照本行动计划的要求，紧密结合实际，狠抓贯彻落实，确保空气质量改善目标如期实现。